# 测绘和地理信息技术探究

马智慧 杨 菁 李大千◎主编

四川科学技术出版社

**图书在版编目（CIP）数据**

测绘和地理信息技术探究 / 马智慧，杨菁，李大千
主编 . —— 成都：四川科学技术出版社，2024. 11.
ISBN 978-7-5727-1602-7

Ⅰ . P208

中国国家版本馆 CIP 数据核字第 2024GS2244 号

测绘和地理信息技术探究
CEHUI HE DILI XINXI JISHU TANJIU

主　编　马智慧　杨　菁　李大千

出 品 人　程佳月
责任编辑　张　姗
助理编辑　张　晨
选题策划　鄢孟君
封面设计　星辰创意
责任出版　欧晓春
出版发行　四川科学技术出版社
　　　　　成都市锦江区三色路 238 号 邮政编码 610023

　　　　　官方微博 http://weibo.com/sckjcbs

　　　　　官方微信公众号 sckjcbs

　　　　　传真 028-86361756

成品尺寸　170 mm × 240 mm
印　　张　7.25
字　　数　145 千
印　　刷　三河市嵩川印刷有限公司
版　　次　2024 年 11 月第 1 版
印　　次　2024 年 11 月第 1 次印刷
定　　价　62.00 元

ISBN 978-7-5727-1602-7

邮　　购：成都市锦江区三色路 238 号新华之星 A 座 25 层　邮政编码：610023
电　　话：028-86361770

# 编委会

**主　编**

马智慧　杨　菁　李大千

**副主编**

史辰凯　薄曰伟　舒麒云　张　海

**编委成员**

张　宇　董庆炜

# 前　言

当前，测绘地理信息发展所面临的形势正在发生一系列转折性、阶段性的变化。从国际上看，现代测绘技术发展速度加快，网络、信息以及遥感等技术不仅能够让人们多层次、立体地观测地球，更高效地获取多样化的地理信息，也促使地理信息服务逐步网络化、实时化，向按需定制模式发展。普通民众能够实时上传和下载地理信息的"全民测绘"时代已经到来。从国内来看，国家更加重视国土空间综合评价、管理和产业空间布局，进一步强化对土地、矿产等自然资源和气候、水等生态环境要素的监测、评价及有效利用，针对自然灾害多、危害大等特点，着手建立应急体系。

随着遥感技术、地理信息技术、计算机技术、通信技术和网络技术等的发展，当代测绘科学技术已从传统测绘学向地理空间信息学演变，在其学科发展过程中呈现出知识创新和技术引领能力。它已逐渐成为一门利用航天、航空、近地、地面和海洋平台获取地球及其外层空间环境和目标物的形状、大小、空间位置、属性及其相互关联信息的学科。现代科技的发展使人们能够快速、实时和连续不断地获取有关地球及其外层空间环境的大量几何与物理信息，极大地促进了测绘和地理信息技术的发展。现代测绘科学技术的社会作用和应用服务范围正不断地扩大到与地理空间信息有关的各个领域。

本书首先介绍了测绘学的概念、分类、发展和作用，并简述了地理信息技术；其次，本书分别从地理信息系统、GIS技术应用、数字测图技术、工程测量技术几个方面具体阐述了测绘地理信息技术；最后，本书在测绘和地理信息技术的理论基础上，总结了当前技术在不同领域的应用。全书顺应测绘地理信息发展趋势，紧扣测绘地理信息发展前沿，在分析测绘地理信息原理、方法与应用的基础上，对测绘地理信息新技术进行了论述与展望，并介绍了当前测绘地理信息的实际应用。全书内容组织严密、深入浅出，既介绍了现代测绘与地理信息科学研究中所涉及的理论基础，又可帮助解决测绘科研与生产中的实际问题。本书综合了目前国内外测绘与地理信息的新理论和新技术，体现了新的研究成果，具有时代性和独特性，既可供工程测量技术、地理信息系统、摄影测量与遥感技术等测绘类专业学生使用，也可供相关行业工程技术人员参考阅读。

由于作者水平有限，书中难免有不足之处，恳请广大读者批评指正。

本书编委会

2024 年 6 月

# 目　录

# 第一章 绪论

## 第一节 测绘学

### 一、测绘学的基本概念与研究内容

#### （一）测绘学的基本概念

传统测绘学是以地球为研究对象，对其进行测量和描绘的学科。测量，就是利用测量仪器测定地球表面自然形态的地理要素和地表人工设施的形状、大小、空间位置及其属性等；描绘，则是根据观测到的这些数据通过制图的方法将地面的自然形态和人工设施等绘制成地图。一般情况下，这种概念的测绘工作限于较小区域的测量和制图，这时将地面当成平面。事实上地球表面并不是平面，测绘工作的范围也不限于较小的区域，尤其是测绘科学技术的应用领域在不断扩大，其工作范围不仅是一个国家或一个地区，有时甚至需要进行全球的测绘工作。在这种情况下，对地球的测量和描绘就变得十分复杂了。此时，要把地球作为一个整体，除了研究获取和表述其自然形态和人工设施的几何信息之外，还要研究地球的物理信息，如地球重力场的信息，以及这些几何和物理信息随时间的变化。随着科学技术的发展和社会的进步，测绘学的研究对象不再仅是地球，还需要将其研究范围扩大到地球外层空间的各种自然和人造实体，甚至地球内部结构等。测绘学比较完整的概念应该是：研究测定和推算地面及其外层空间点的几何位置，确定地球形状和地球重力场，获取地球表面自然形态和人工设施的几何分布以及与其属性有关的信息，编制全球或局部地区的各种比例尺的普通地图和专题地图，为国民经济发展和国防建设以及地学研究服务。随着科学技术的发展，如今又出现了许多现代测绘新技术，使得测绘学的理论、方法及其应用范围发生了巨大变化，测绘学又有了新的概念和含义。从上面测绘学的基本概念可以看出，测绘学主要研究反映地球多种时空关系的地理空间信息，它和地球科学的研究有着密切的关系，因此测绘学可以说是地球科学的一个分支学科。

## （二）研究内容

从测绘学的基本概念可知，其研究内容十分丰富，涉及许多方面，现通过地球测绘来阐述其主要内容。测绘学的主要研究对象是地球及其表面的各种自然和人工形态，研究的具体内容如下：第一，要研究和测定地球形状、大小及其重力场，在此基础上建立一个统一的地球坐标系统，用以表示地球表面及其外部空间任一点在这个地球坐标系中准确的几何位置。第二，有了大量的地面点的坐标和高程，就能以此为基础进行地表形态的测绘工作，其中包括地表的各种自然形态，如水系、地貌、土壤和植被的分布，也包括人类社会活动所产生的各种人工形态，如居民地、交通线和各种建筑物等。第三，以上用测量仪器和测量方法所获得的自然界和人类社会现象的空间分布、相互联系及其动态变化信息，最终要以地图的形式反映和展示出来。第四，各种经济和国防工程建设的规划、设计、施工和建筑物建成后的运营管理中，都需要进行相应的测绘工作，并利用测绘资料引导工程建设的实施，监测建筑物的形变。这些测绘工程往往要根据具体工程的要求，采取专门的测量方法，使用特殊的测量仪器去完成相应的测量任务。第五，地球的表层不仅有陆地，还有超过70%的海洋，因此，测绘工作不仅要在陆地进行，广阔的海洋也需要许多测绘工作。在海洋环境中的测量工作同陆地测量有很大的区别。海洋测量内容综合性强，需多种仪器配合施测，并同时完成多种观测项目；海洋测区条件比较复杂，海面受潮汐、气象等因素影响起伏不定，大多数为动态作业；观测者不能用肉眼透视水域底部，精确测量难度较大。这些海洋测量的特征都要求研究海洋水域的特殊测量方法和仪器设备与之相适应。第六，从以上的研究内容看出，测绘学中有大量不同类型的测量工作，这些测量工作需要有人用测量仪器在某种自然环境中进行观测。由于各种因素，如测量仪器构造上有不可避免的缺陷，观测者的技术水平和感觉器官的局限性以及自然环境的各种因素（如气温、气压、风力、透明度、大气折光的变化）等，都会对测量工作产生影响，给观测结果带来误差，因此，在测量工作中，必须研究和处理这些带有误差的观测数据，设法消除或削弱误差，提高被观测量的质量，这就是测绘学中的测量数据处理和平差问题。第七，测绘学的研究和工作成果最终要服务于国民经济建设、国防建设以及科学研究，因此要研究测绘学在社会经济发展的各个相关领域中的应用。不同的应用领域对测绘工作的要求也不同，测绘工作者需要依据不同的测绘理论和方法，使用不同的测量仪器和设备，采取不同的数据处理和平差措施，最后获得符合不同应用领域要求的测绘成果。

## 二、测绘学的学科分类

随着测绘科学技术的发展和时间的推移，测绘学的学科分类方法是不同的，这里我们用传统测绘学科分类方法，将测绘学分为以下几类。

### （一）大地测量学

大地测量学主要研究地球表面及其外层空间点位的精密测定，地球的形状、大小和重力场，地球整体与局部运动，以及其变化的理论、技术和方法。在大地测量学中，测定地球的大小是指测定与真实地球最为接近的地球椭球的大小（指椭球的长半轴）；研究地球形状是指研究大地水准面的形状（或地球椭球的扁率）；测定地面或空间点的几何位置是指测定以地球椭球面为参考面的地面点位置，即将地面点沿椭球法线方向投影到地球椭球面上，用投影点在椭球面上的大地经纬度（$L$，$B$）表示该点的水平位置，用地面点至地球椭球面上投影点的法线距离表示该点的大地高程（$H$）。在一般应用领域，例如水利工程，都是以平均海水面（即大地水准面）为起算面的高度，即海拔高程。如图 1-1 所示，地球椭球体长半轴为 $a$，短半轴为 $b$，则地球的大小和扁率均可表示，点的几何位置表示为（$L$，$B$，$H$）。研究地球重力场是指利用地球的重力作用研究地球形状等。

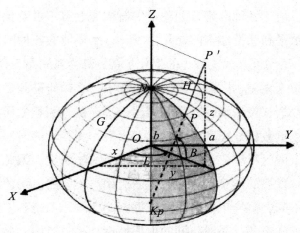

图 1-1　大地坐标系示意图

完成大地测量学所提出的任务，传统上有几何法和物理法两种方法。几何法是用几何观测量（距离、角度、方向、高差），通过三角测量等方法建立水平控制网，最后推算出地面点的水平位置；通过水准测量方法，获得几何量高差，建立高程控制网，提供点的海拔高程。物理法是用地球的重力等物理观测量通过地球重力场的理论和方法推求大地水准面相对于地球椭球的距离（大地水准面差距）以及地球椭球的大小和扁率（地球形状）等。

## （二）摄影测量学

摄影测量学主要利用摄影手段获取被测物体的影像数据，对所获得的影像进行量测、处理，从而提取被测物体的几何或物理信息，并用图形、图像和数字形式表达测绘成果。摄影测量学包括航空摄影、航空摄影测量、地面摄影测量等。航空摄影是指在飞机或其他航空飞行器上利用航摄机摄取地面景物影像。航空摄影测量是指根据在航空飞行器上对地面摄取的被测物体的影像与被测物体间的几何关系以及其他有关信息，测定被测物体的形状、大小、空间位置和性质，一般用于地形图的测绘。地面摄影测量是指利用安置在地面上基线两端的专用摄影机（摄影经纬仪）拍摄同一被测物体的像片（立体像对），经过量测和处理，对拍摄物体进行绘制。地面摄影测量可用来测绘地形图，也可用于工程、工业、建筑、考古、医学等领域，通常又称近景摄影测量。

## （三）地图制图学（地图学）

地图制图学是研究地图及其编制和应用的学科。它的具体研究内容包括：地图设计、地图投影、地图编制、地图制印和地图应用。地图设计是指通过研究和实验，制定新编地图的内容、表现形式及其生产工艺程序的工作；地图投影是研究依据一定的数学法则，建立地球椭球表面上的经纬线网与在地图平面上相应的经纬线网之间函数关系的理论和方法，也就是研究把不可展曲面上的经纬线网描绘成平面上的经纬线网时所产生的各种变形的特性和大小以及地图投影的方法等；地图编制是研究制作地图的理论和技术，即从领受制图任务到完成地图原图的制图全过程，主要包括制图资料的分析和处理、地图原图的编绘以及图例、表示方法、色彩、图型和制印方案等编图过程的设计；地图制印是研究复制和印刷地图过程中各种工艺的理论和技术方法；地图应用是研究地图分析、地图评价、地图阅读、地图量算和图上作业等。

## （四）工程测量学

工程测量学主要研究在工程建设和自然资源开发各个阶段进行测量工作的理论和技术。它是测绘学在国民经济、社会发展和国防建设中的直接应用，包括规划设计阶段的测量、施工建设阶段的测量和运行管理阶段的测量。每个阶段测量工作的重点和要求各不相同。规划设计阶段的测量主要是提供地形资料和配合地质勘探、水文测量所进行的测量工作；施工建设阶段的测量主要是按照设计要求，在实地准确地标定出工程结构各部分的平面位置和高程作为施工和安装的依据；运行管理阶段的测量是指竣工测量以及工程竣工后为监视工程的安全状况的变形观测与维护养护等测量。

## （五）海洋测绘学

海洋测绘学是研究以海洋水体和海底为对象所进行的测量和海图编制的理论和方法。研究内容主要包括海洋大地测量、海道测量、海底地形测量、海洋专题测量以及航海图、海底地形图、各种海洋专题图和海洋图集等的编制。海洋测绘学既是测绘学科的一个重要分支，又是一门涉及许多相关学科的综合性学科,是陆地测绘方法在海洋的应用和发展。

## 三、测绘学的现代发展

传统测绘学的相关理论与测量手段相对落后,因此具有很大的局限性。如各类观测都在地面作业,观测方式多为手工操作,野外作业和室内数据处理时间长,劳动强度大,测量精度低,并且仅限于局部范围的静态测量,直接导致测绘学科的应用范围比较狭窄,服务对象比较少。随着空间技术、计算机技术、信息技术以及通信技术的发展及其在各行各业中不断渗透和融合,测绘学这一古老的学科在这些新技术的支撑和推动下,出现了以全球导航卫星系统(GNSS)、航天遥感(RS)和地理信息系统(GIS)等技术为代表的现代测绘科学技术,从而使测绘学科从理论到手段发生了根本性的变化。

### (一)测绘学中的新技术发展

全球导航卫星系统是利用在空间飞行的卫星不断向地面广播发送具有某种频率并加载了某些特殊定位信息的无线电信号来实现定位测量的导航定位系统。目前世界上正在运行的有美国的 GPS、俄罗斯的 GLONASS、中国的北斗卫星导航系统(BDS)和欧盟的伽利略(GALILEO)。空间定位技术除全球导航卫星系统之外,还有激光测卫(SLR)、甚长基线干涉测量(VLBI)等。

全球导航卫星定位技术的出现使得在大地测量学中又产生了解决大地测量任务的卫星大地测量方法。随着大地测量点位测定精度的日益提高,用卫星大地测量方法可以测定和研究地球的运动状态及地球物理机制。

航天遥感是不接触物体本身,用传感器采集目标物的电磁波信息,经处理、分析后识别目标物,揭示其几何、物理性质和相互联系及变化规律的现代科学技术。不同种类及环境条件下的物体,具有反射或辐射不同波长的电磁波特性。遥感技术就是利用物体的这种电磁波特性,通过测量电磁波,判读和分析地表的目标及现象,识别物体及物体所在环境条件的技术。由于遥感技术的出现,测绘学科中又出现了航天摄影和航天测绘。前者是利用航天飞行器（卫星、航天飞机、宇宙飞船）中的摄影机或遥感探测器（传感器）获取地球的图像资料和有关数据的技术，它是航空摄影的发展；后者是基于航天遥感影像进行测量工作。

数字地图制图技术是根据地图制图原理和地图编辑过程的要求，利用计算机输入、输出等设备，通过数据库技术和图形数字处理方法，实现地图数据的获取、处理、显示、存储和输出的技术。此时地图是以数字形式存储在计算机中，称为数字地图。有了数字地图，就能生成在屏幕上显示的电子地图。数字地图制图技术的出现，使得地图手工生产方式逐渐被数字化地图生产所取代，节约了人力，缩短了成图周期，提高了生产效率和地图制作质量。

地理信息系统技术是在计算机软件和硬件支持下，把各种地理信息按照空间分布及属性以一定的格式输入、存储、检索、更新、显示、制图和综合分析应用的技术。它是将计算机技术与空间地理分布数据相结合，通过一系列操作和分析方法，为地球科学、环境科学和工程设计，乃至政府行政职能和企业经营提供有用的规划、管理和决策信息，并回答用户提出的有关问题。

3S集成技术，即GPS、RS、GIS技术的集成。GPS即全球定位系统，是利用GPS卫星，向全球各地全天候、实时性地提供三维位置、三维速度等信息的一种无线电导航定位系统。在3S集成技术中，GPS主要用于实时、快速地提供目标的空间位置；RS用于实时、快速地提供大面积地表物体及其环境的几何与物理信息，以及它们的各种变化；GIS则是对多种来源的时空数据（测绘和有关的地理数据）的综合处理分析和应用的平台。

卫星重力探测技术是将卫星当作地球重力场的探测器或传感器，通过对卫星轨道的受摄运动及其参数的变化或者两颗卫星之间的距离变化进行观测，来了解和研究地球重力场的结构。

虚拟现实技术是由计算机组成的高级人机交互系统，可以构成一个以视觉感受为主，包括听觉、触觉、嗅觉的可感知环境。用户戴上头盔式三维立体显示器、数据手套及立体声耳机等设备，可以完全沉浸在计算机制造的虚拟世界里。用户在这个环境中可以实现观察、触摸、操作等体验，有身临其境之感。

这里应当指出的是，现代测绘技术的发展必须基于信息高速公路和计算机网络技术。这两项技术和多 CPU、大容量内存、大规模存储设备的计算机系统的广泛应用，为测绘学的数字化、网络化、信息化创造了条件。目前互联网上的测绘信息已经十分丰富，人们可以通过网络浏览器查阅所需的各类测绘信息，并通过超文本和超媒体链接实现信息共享。

## （二）现代测绘新技术对测绘学科发展的影响

传统的测绘技术由于受到观测仪器和方法的限制，只能在地球的某一局部区域进行测量工作，而空间导航定位、航空航天遥感、地理信息系统和数据通信等现代新技术的发展及其相互渗透和集成，为我们提供了对地球整体进行观察和测绘的条件。卫星航天观测技术能采集全球性、重复性的连续对地观测数据，数据的覆盖可达全球范围，因此这类数据可用于对地球整体的了解和研究，这就好像把地球放在实验室里进行观察、测绘和研究一样。现代测绘高新技术日新月异，使得测绘学的理论基础、测绘工程技术体系、研究领域和学科目标等因适应新形势的需要而发生深刻的变化。

全球定位系统等空间定位技术的引进，导致大地测量从分维式发展到整体式，从静态发展到动态，从描述地球的几何空间发展到描述地球的物理－几何空间，从地表层测量发展到地球内部结构的反演，从局部参考坐标系中的地区性测量发展到统一地心坐标系中的全球性测量。大地测量学已成为测绘学和地学领域的基础性学科。

摄影测量已完成了从传统摄影测量到模拟摄影测量与解析摄影测量的发展历程，现正进入数字摄影测量阶段。由于现代航天技术和计算机技术的发展，当代卫星遥感技术可以提供比光学摄影所获得的黑白相片更加丰富的影像信息，因此在摄影测量中引进了卫星遥感技术，形成了航天测绘。摄影测量学中由于应用了遥感技术，并与计算机视觉等学科交叉融合，目前已成为基于电子计算机的现代图像信息学科。

地图是人们认知地理环境和利用地理条件的依据。随着数字地图制图技术和地图数据库的飞速发展，地图制图学已进入数字（电子）制图和动态制图的阶段，并且成为地理信息系统的支撑技术。地图制图学已发展成为以图形和数字形式传输空间地理环境的学科。

现代工程测量学也已远离了单纯为工程建设服务的狭隘概念，正向着"广义工程测量学"发展，即"一切不属于地球测量、不属于国家地图集的陆地测量和不属于公务测量的应用测量，都属于工程测量"。工程测量的发展可概括为内外一体化、数据获取与处理自动化、测量工程控制和系统行为的智能化、测量成果和产品的数字化过程。

在海洋测绘中，先进的激光探测技术、空间定位与导航技术、计算机技术、网络技术、通信技术、数据库管理技术以及图形图像处理技术的广泛应用使海洋测绘的仪器和测量方法自动化和信息化。

这些变化从技术层面影响测绘学科，使其由传统的模拟测绘过渡到数字化测绘。例如测绘生产任务由纸上或类似介质的地图编制、生产和更新发展到对地理空间数据的采集、处理、分析和显示，出现了所谓的"4D"测绘系列产品，即数字高程模型（DEM）、数字正射影像图（DOM）、数字栅格地图（DRG）和数字线划图（DLG）。测绘学科和测绘工作正在向着信息采集、数据处理和成果应用的数字化、网络化、实时化和可视化方向发展，生产中体力劳动得到解放，生产力显著提高。如今的光缆通信、卫星通信、数字化多媒体网络技术使测绘产品从单一的纸质信息转变为电子信息，测绘产品的分发方式从单一的"邮路"转为"电路"（数字通信和计算机网络、传真等），测绘产品的形式和服务社会的方式也因为信息技术的支持而发生了很大的变化。测绘行业和地理信息产业服务范围和对象正在不断扩大，不再是单纯从控制到测图，为国家制作基本地形图，而是扩大到国民经济和国防建设中与地理空间数据有关的各个领域。

### （三）测绘学的现代概念和内涵

从测绘学的现代技术发展可以看出，现代测绘学是地理空间数据的获取、处理、分析、管理、存储和显示的综合研究。这些空间数据来源于地球卫星、空载和船载的传感器以及地面的各种测量仪器，通过信息技术，利用计算机的硬件和软件对这些空间数据进行处理和使用。这是应现代社会对空间信息有极大需求这一特点而形成的一个更全面、更综合的学科体系。它更准确地描述了测绘学科在现代信息社会中的作用。原来各个专门的测绘学科之间的界限已随着计算机与通信技术的发展逐渐变得模糊。某一个或几个测绘分支学科已不能满足现代社会对地理空间信息的需求。这些测绘分支学科相互之间更加紧密地联系在一起，并与地理学和管理学等其他学科知识相结合，形成测绘学的现代概念，即研究地球和其他实体的与时空分布有关的信息的采集、测量、处理、显示、管理和利用的科学和技术。它的研究内容和学科地位是确定地球和其他实体的形状、重力场及空间定位，利用各种测量仪器、传感器及其组合系统获取地球及其他实体与时空分布有关的信息，制成各种地形图、专题图等，建立地理、土地等空间信息系统，为研究地球的自然和社会现象，解决人口、资源、环境和灾害等社会可持续发展中的重大问题，以及为国民经济和国防建设提供技术支撑和数据保障。测绘学科的现代发展促使测绘学中出现若干新学科，如卫星大地测量（或空间大地测量）、遥感测绘（或航天测绘）、地理信息工程等。测绘学已完成由传统测绘向数字化测绘的过渡，现在正在向信息化测绘发展。由于将空间数据与其他专业数据进行综合分析，测绘学科已从单一学科走向多学科的交叉，其应用已扩展到与空间分布信息有关的众多领域，现代测绘学正朝着近年来兴起的一门新兴学科——地球空间信息科学发展，实现跨越和融合。

## 四、测绘学的学科地位和作用

### （一）在科学研究中的作用

随着人类社会的发展，人类活动极大地影响了自然环境，自然灾害频发，地球越来越躁动不安，人类正面临一系列重大挑战。测绘学在探索地球的奥秘和规律、深入认识和研究地球的各种问题中发挥着重要作用。由于现代测量技术的发展，例如无人工干预的自动连续观测和数据处理，可以提供几乎任意时域分辨率的观测系列，具有检测瞬时地学事件（如地壳运动、重力场的时空变化、地球的潮汐和自转变化等）的能力，这些观测成果可以用于地球内部物质结构和演化的研究，尤其是大地测量观测结果在解决地球物理问题中可以起到某种佐证作用。

## （二）在国民经济建设中的作用

经济发展规划、土地资源调查和利用、海洋开发、农林牧渔业的发展、生态环境保护以及各种工程建设和城市建设等都必须进行相应的测量工作，编制各种地图，建立相应的地理信息系统，以供规划、设计、施工、管理和决策使用。因此，国民经济建设离不开测绘学的广泛应用。例如在城市化进程中，城市规划、城镇建设、交通管理等都需要城市测绘数据、高分辨率卫星影像、三维景观模型、智能交通系统和城市地理信息系统等测绘高新技术的支持；在水利、交通、能源和通信设施的大规模、高难度工程建设中，不但需要精确勘测和大量现实性强的测绘资料，而且需要在工程建设的全过程采用地理信息数据进行辅助决策。丰富的地理信息是国民经济和社会信息化的重要基础，传统产业的改造、优化、升级与企业生产经营，实现金融、财税、贸易等信息化，推进智慧城市高质量发展与数字中国建设都需要以测绘数据为基础的地理空间信息平台作支撑。

## （三）在国防建设中的作用

在现代化战争中，武器的定位、发射和精确制导需要高精度的定位数据、高分辨率的地球重力场参数、数字地面模型和数字正射影像。以地理空间信息为基础的战场指挥系统，可持续、实时地提供虚拟数字化战场环境信息，为作战方案的优化、战场指挥和战场态势评估实现自动化、系统化和信息化提供测绘数据和基础地理信息保障，提高战场上的精确打击力，夺得主动权。公安部门合理部署警力，有效预防和打击犯罪也需要电子地图、全球定位系统和地理信息系统等技术支持。测绘空间数据库和多媒体地理信息系统在实际疆界划定工作、边界谈判、缉私禁毒、边防建设与界线管理中均具有重要的作用。尤其是测绘信息中的许多内容涉及国家主权和利益，决不可失其严肃性和严密性。

## （四）在社会发展中的作用

社会发展的大多数活动是在广袤的地域空间进行的。政府部门或职能机构要及时了解自然和社会经济要素的分布特征与资源环境条件，合理进行空间规划布局，正确掌握空间发展状态和政策的空间效应。由于现代经济和社会的快速发展与自然关系的复杂性，人们解决现代经济和社会问题的难度增加。因此，在测绘数据的基础上，将大量经济和社会信息加载到地理空间信息平台上，形成符合真实世界的空间分布形式，建立空间决策系统，进行空间分析和管理决策，实施电子政务，可帮助实现政府管理和决策的科学化。当今人类正面临环境日趋恶化、自然灾害频繁、不可再生能源和矿产资源匮乏等社会问题。社会、经济迅速发展和自然环境之间产生了巨大矛盾。要解决这些矛盾，维持社会的可持续发展，必须了解地球的各种现象及其变化和相互关系，采取必要措施来约束和规范人类自身的活动，减少或防范全球变化向不利于人类社会方向演变，指导人类合理开发和利用资源，有效地保护和改善环境，积极预防和抵御各种自然灾害，不断改善人类生存和生活环境质量。在防灾减灾、资源开发和利用、生态建设与环境保护等影响社会可持续发展的种种因素方面，各种测绘和地理信息可用于规划与方案的制订、灾害或环境监测系统的建立、风险的分析以及资源与环境调查、评估、可视化显示等，为决策指挥提供基础资料。

## 第二节　　地理信息技术

地理信息是指可以通过地图获取的、与地理空间位置相关的信息。地理信息是关于地理实体的性质、特征和运动状态的描述。地理信息又称空间信息或地理空间信息。地理空间是一类特殊的空间，这种空间是以大地坐标系统为数学基础的空间。

地理信息技术是指获取、管理、分析和应用地理信息的现代技术的总称，主要包括但不限于遥感技术，地理信息系统技术、全球导航卫星系统技术和数字地球技术。

计算机技术、网络技术、通信技术和数据库技术是地理信息技术的基础，遥感技术、地理信息系统技术、全球导航卫星系统技术是地理信息技术的核心，数字地球技术是上述地理信息技术与信息高速公路、高速网络技术、大容量数据处理与存储技术、科学计算以及可视化和虚拟现实技术等的集成应用技术。

## 一、遥感技术

### （一）遥感技术的概念及特点

遥感技术是从远距离感知目标反射或自身辐射的电磁波、可见光、红外线，对目标进行探测和识别的技术。它利用地面上空的飞机、飞船、卫星等飞行物上的遥感器收集地球表面和地下（或水下）物体的数据资料，根据不同物体对波谱产生不同响应的原理来识别地球表面和地下（或水下）物体的性质。

现代遥感技术主要包括信息的获取、传输、存储和处理等环节。完成上述功能的全套系统称为遥感系统，主要由遥感平台、遥感器和遥感数据传输与处理设备等组成，其核心组成部分是获取信息的遥感器。

遥感平台是遥感过程中装载遥感器的运载工具，是在空中或空间安放遥感器的装置。主要的遥感平台有高空气球、飞机、火箭、人造卫星、载人或不载人的宇宙飞船等。

遥感器是远距离感测地物环境辐射或反射电磁波的仪器，除可见光摄影机、红外摄影机、紫外摄影机外，还有红外扫描仪、多光谱扫描仪、微波辐射和散射计、侧视雷达、专题成像仪、成像光谱仪等，遥感器正在向多光谱、多极化、微型化和高分辨率的方向发展。遥感器接收的数字和图像信息，通常采用三种记录方式：胶片、图像和数字磁带。

遥感数据传输设备用于将遥感信息从远距离平台（如卫星）传回地面站。遥感数据处理设备包括彩色合成仪、图像判读仪和数字图像处理机等。遥感数据通过校正、变换、分解、组合等光学处理与图像数字处理过程，提供给用户分析、判读，或在地理信息系统和专家系统的支持下，制成专题地图或统计图表，为资源勘察、环境监测、国土测绘、军事侦察提供信息服务。

遥感技术的主要特点如下：

（1）可获取大范围数据资料。遥感用航摄飞机飞行高度为 10 km 左右，陆地卫星的卫星轨道高度为 910 km 左右。由于测量高度高、覆盖范围广，遥感技术可获取大范围的地理信息。

（2）获取地理信息的速度快、周期短。卫星围绕地球运转，能及时获取所经地区各种自然现象的最新资料，以便更新原有资料或根据新旧资料变化进行动态监测，这是人工实地测量和航空摄影测量无可比拟的。

（3）获取信息受条件限制少。在地球上有很多地方，自然条件极为恶劣，人类难以到达，如沙漠、沼泽等。而采用不受地面条件限制的遥感技术，特别是卫星遥感可方便、及时地获取各种宝贵资料。

（4）获取信息的手段多，信息量大。根据不同的任务，遥感技术可选用不同波段和遥感仪器来获取信息。例如可采用可见光探测物体，也可采用紫外线、红外线和微波探测物体。利用不同波段对不同物体的穿透性，还可获取地物内部信息。例如，地面深层、冰层下的水体或沙漠下面的地物特性等，微波波段还可以全天候工作。

## （二）遥感的类型

按遥感平台的不同，遥感可分为地面遥感、航空遥感和航天遥感。

（1）地面遥感。主要指以高塔、车、船为平台的遥感技术系统，将地物波谱仪或传感器安装在这些地面平台上，可进行各种地物波谱测量。

（2）航空遥感。泛指从飞机、气球、飞艇等空中平台对地面感测的遥感技术系统。飞机是航空遥感中最常用的，也是用得最广泛的一种遥感平台。按飞行高度，可分为低空、中空和高空三种平台。

无人机遥感技术作为航空遥感手段，具有续航时间长、影像实时传输、高危地区探测、成本低、高分辨率、机动灵活等优点，可实现高分辨率影像的采集，在弥补卫星遥感经常因云层遮挡获取不到影像缺点的同时，还能解决传统卫星遥感重访周期过长，应急不及时等问题，是卫星遥感与有人机航空遥感的有力补充，在国家生态环境保护、矿产资源勘探、海洋环境监测、土地利用调查、水资源开发、农作物长势监测与估产、农业作业、自然灾害监测与评估、城市规划与市政管理、森林病虫害防护与监测、公共安全、国防事业、数字地球等领域均有广泛应用。

（3）航天遥感。泛指利用各种空间飞行器为平台的遥感技术系统。它以地球人造卫星为主体，包括载人飞船、航天飞机和空间站，有时也把各种行星探测器包括在内。在航天遥感平台上采集信息的方式有四种：一是宇航员操作，如在"阿波罗"飞船上宇航员利用组合相机拍摄地球照片；二是卫星舱体回收，如中国的科学实验卫星回收的卫星像片；三是通过扫描将图像转换成数字编码，传输到地面接收站；四是卫星数据采集系统收集地球或其他行星、卫星上定位观测站发送的探测信号，中继传输到地面接收站。

卫星遥感为航天遥感的组成部分，以人造地球卫星作为遥感平台，主要利用卫星对地球和低层大气进行光学和电子观测。遥感卫星在其中有着重要作用，是进行外层空间遥感的主要平台。

遥感卫星能在规定的时间内覆盖整个地球或指定的任何区域，当沿地球同步轨道运行时，能连续地对地球表面某指定地域进行遥感。所有的遥感卫星都需要有遥感卫星地面站，从遥感集市平台获得的卫星数据可监测到农业、林业、海洋、国土、环保、气象等情况，遥感卫星主要有气象卫星、陆地卫星和海洋卫星三种类型。

气象卫星是指以搜集气象数据为主要任务的遥感卫星，可为气象预报、台风形成和运动过程监测、冰雪覆盖监测及大气与空间物理研究等提供大量实时数据。气象卫星按轨道特点可分为太阳同步卫星和地球静止卫星两类。

陆地卫星是指绕地球南北极附近运行的太阳同步卫星，具有接近圆形的轨道。陆地卫星能提供同期性相对廉价的遥感数据，因此在土地、森林和水资源调查，以及农作物估产、矿产和石油勘探、海岸勘察、地质与测绘、自然灾害监测、农业区划、重大工程建设的前期工作以及对环境的动态监测等领域已得到广泛应用。

海洋卫星是以搜集海洋资源及其环境信息为主要任务的遥感卫星。海洋卫星具有全天时、全天候、同步、快速、高频次、长期连续观测等特点，且不受地理位置和人为条件限制，可覆盖环境条件恶劣的海区，已成为认识、研究、开发、利用和管理海洋不可替代的高科技手段。

### （三）遥感技术的功能及应用

遥感技术的功能主要是对较大范围的地表状况进行实时探测和记录，并提供具体的遥感数据或遥感影像产品。一般航空遥感可获得地表的航空摄影像片或航空扫描图像，雷达遥感可根据雷达回波信号生成雷达影像，卫星遥感获取的信息经处理后可生成卫星影像，如卫星云图。

遥感获取的地表信息具有内容上的综合性和时间上的一致性。遥感探测所获取的是同一时段、覆盖大范围地区的遥感数据，这些数据综合地展现了地球上许多自然与人文现象，宏观地反映了地球上各种事物的形态与分布，真实地体现了地质、地貌、土壤、植被、水文、人工构筑物等地物的特征，全面地揭示了地理事物之间的关联性。通过不同时间对同一地区的遥感探测，可以发现该地区自然地理和人文地理要素及其分布的变化。

遥感技术已广泛应用于农业、林业、地质、海洋、气象、水文、军事、环保等领域。具体的应用有以下几个方面。

（1）地理（地图）测量。遥感影像直观地展现了地球表面物体的形状、大小、颜色等信息。这些信息更真实、更自然，也更容易被大众接受。许多网上的电子地图软件都直接提供了卫星遥感影像地图。

（2）获取资源信息。遥感影像上具有丰富的地理信息，这些信息对于了解和研究地球上各类资源的分布、变化等具有重要意义，这些信息能在农业、林业、水利、海洋、环保等领域发挥重要作用。

（3）提供应急灾害资料。利用卫星遥感、雷达遥感、无人机遥感等技术，可以在遭遇灾害（如地震、海啸、暴风雪、森林大火）后，人员无法直接到达现场的情况下，获取灾害地区的地理信息。在"5·12"汶川地震中，遥感影像在灾情信息获取、救灾决策和灾害重建等方面发挥了重要作用。海地发生强震后，有多家航天机构的20余颗卫星参与了救援工作。

（4）天气形势分析与预报。气象卫星云图能够提供天气形势的直观资料，气象雷达能够实时测量降水情况，对于天气形势分析和预报具有重要意义。例如，通过台风的卫星云图或雷达图，可以直观地看到台风的位置、影响范围、移动路径等。在台风天气，通过遥感影像就可以准确地划分出受台风影响的区域，通过气象预警发布有效信息，人们便可由此对农产品采取防护措施，降低损失。

（5）农业遥感监测。在农业方面，利用遥感技术可以监测农作物种植面积和农作物长势信息，快速监测和评估农业干旱和病虫害等灾害，估算全球、全国和区域范围的农作物产量，为粮食供应数量分析与预测预警提供可靠信息。

（6）环境监测。卫星遥感技术在大气环境监测、水环境监测等方面发挥了重要作用，例如对沙尘暴、雾霾、海洋污染的监测等。

（7）其他方面。遥感在军事、文物考古等很多方面也有应用。

## 二、地理信息系统技术

地理信息系统按功能可分为专题地理信息系统（Thematic GIS），区域地理信息系统（Regional GIS）和地理信息系统工具（GIS Tools）等；按内容可分为城市信息系统、自然资源查询信息系统、规划与评估信息系统、土地管理信息系统等；按照应用开发工具可分为组件式工具（如Geomedia、MapObjects 等）、集成式开发工具（如 ArcGIS、MapInfo 等）、模块式开发工具（如 MGE）和网络工具 WebGIS（即基于 Internet 平台的地理信息系统）。

从总体上看，地理信息系统的功能可分为：数据采集与编辑、数据处理与存储管理、图形显示、空间查询与分析以及地图制作。

数据采集是地理信息系统的基本功能，对于源数据的基本要求是确定变量的位置。位置可能由经度、纬度和海拔的 $x$、$y$、$z$ 坐标来标注，或是由其他地理编码系统来表示。任何可以定位存放的变量都能被反馈到 GIS。

地理信息系统的数据以数字化的形式表现了现实世界的地理事项。地理事项可被划分为离散对象和连续对象。在地理信息系统中离散对象和连续对象分别采用栅格形式和矢量形式存储数据。栅格形式的数据按照行和列组成的存储单元存储，类似于栅格图像。矢量形式的数据利用几何图形来表现具有连续变化的地理事项。

　　地理信息系统采集的空间数据主要来源于纸质地图。可以用多种方法往地理信息系统中输入数据，最常用的方法就是用数字化仪对地图进行数字化扫描。扫描地图可以产生能被进一步处理生成向量数据的栅格数据。

　　随着信息技术的发展，自动化扫描输入与遥感数据集成已成为地理信息系统采集信息的主要方法。交互式地图识别是一种较为现实的自动化扫描输入方法。原始的遥感数据输入地理信息系统虽然较为容易，但是对遥感图像的自动处理、判读和解释等需要融入图像处理技术。地理数据采集的另一项主要技术进展是全球卫星定位技术在测绘中的应用。全球卫星定位技术可以准确、快速地确定人或物在地球表面的位置，因此，可以利用全球卫星定位技术辅助原始地理信息的采集。

　　除空间数据需要收集和输入外，属性数据也需要输入地理信息系统，并且属性数据要与空间数据建立联系。

　　数据被输入地理信息系统中后，通常还要进行一定的编辑处理。地理信息系统可以执行数据重构，把数据转换成不同的格式。由于地理信息系统中的数字数据可能来源于不同的途径，数据的标准和格式可能不同。因此地理信息系统必须能够将地理数据从一种结构转换到另一种结构，或者说转换为一种标准的形式和结构。

　　通常，输入地理信息系统的数据需要经过投影与坐标变换。由于不同用途的地图采用了不同标准的地图投影，从不同地图中获取的数据就需要经过投影转换处理。不同国家和地区以及不同时间可能采用不同的大地坐标系模型来描述地球，对于地球表面上的任一给定点，各个大地坐标系模型确定的坐标（如纬度、经度、海拔）也不同，地理信息系统中地理坐标的数据也需要进行转换处理。

　　数据库技术是地理信息系统中数据存储和管理的支撑技术。地理信息系统对空间数据的管理主要包括空间数据库的定义、数据访问和提取、空间检索、数据更新和维护等。大多数地理信息系统采用了分层技术，即根据地图的某些特征，把它分成若干图层，整张地图是所有图层叠加的结果。

　　空间查询是地理信息系统最基本的功能，即从空间数据库中查找满足一定条件的空间对象，并将其按空间位置绘出，同时列出它们的相关属性等。空间查询支持综合图形与文字多种查询要求，包括由图查图、由图查文和由文查图，查询的结果以图形或文字形式输出。

空间分析是从空间数据中获取有关地理对象的空间位置、分布、形态、形成和演变等信息的分析技术，是地理信息系统的核心功能之一，其特有的对地理空间信息的提取、表现和传输的功能，是地理信息系统区别于一般管理信息系统的主要功能特征。

空间分析以空间数据和属性数据为基础，回答真实地理客观世界的有关问题。地理信息系统的空间分析可分为拓扑分析、方位分析、度量分析、混合分析、栅格分析和地形分析等。地理信息系统中包含了基本的空间分析模块，可以实现空间查询与量算、地理要素的叠置分析、路径分析、缓冲区分析、窗口分析、网络分析、空间统计分类等基本的空间分析功能。

地理信息系统的一个基本功能就是空间数据的图形化显示。地理信息系统不只是为了有效存储、管理、查询和操作地理数据，更重要的是以可视化的形式将数据或经过深加工的地理信息呈现在用户面前，使用户能通过图形快速、直观地认识地理空间实体、现象及其相互关系。

地理信息系统表现地理数据的形式既可以是计算机屏幕显示的数字形式，也可以是诸如报告、表格、地图等纸质形式。通常，地理信息系统具有多种良好的、交互式的制图环境，能够为用户输出不同比例尺、分辨率以及不同图层信息的地图。地理信息系统除能显示二维平面地图外，还可以利用三维显示技术，在计算机屏幕上更为直观、形象地表现地理环境信息的三维地图。

## （二）地理信息系统的应用领域

地理信息系统广泛应用于资源调查、环境评估、灾害预测、国土管理、城市规划、邮电通信、交通运输、军事公安、水利电力、公共设施管理、商业金融等领域。

### 1. 资源管理

在资源管理方面，地理信息系统主要应用于农业和林业领域，帮助解决农业和林业领域各种资源（如土地、森林、草场）分布、分级、统计与制图等问题。

2. 资源配置

城市中各种公用设施、救灾减灾中物资的分配、全国范围内能源保障、粮食供应等都是资源配置问题。地理信息系统在这方面的应用可帮助实现资源的有效配置和发挥最大效益。

3. 城市规划和管理

空间规划是地理信息系统的一个重要应用领域，城市规划和管理是其中的主要内容。例如，在大规模城市基础设施建设中如何保证绿地的比例和合理分布，以及如何保证学校、公共设施、运动场所、服务设施等能够有最大的服务面（城市资源配置问题）等。

4. 土地信息系统和地籍管理

土地和地籍管理涉及土地使用性质变化、地块轮廓变化、地籍权属关系变化等许多内容，借助地理信息系统技术可以高效、高质量地完成变更与管理工作。

5. 生态、环境管理与模拟

区域生态规划、环境现状评价、环境影响评价、污染物削减分配的决策支持、环境与区域可持续发展的决策支持、环保设施的管理和环境规划等都离不开地理信息系统技术的支持。

6. 应急响应

在发生洪水、战争、核事故等重大自然灾害或人为灾害时，地理信息系统技术可帮助规划最佳的人员撤离路线，并对相应的运输配备和设施保障等提供技术支持。

7. 地学研究与应用

地形分析、流域分析、土地利用研究、经济地理研究、空间决策支持、空间统计分析、制图等都可以借助地理信息系统相应功能完成。

8. 商业与市场

商业设施的建立应充分考虑其市场潜力。例如大型商场的建立如果不考虑其他商场的分布、待建区周围居民区的分布和人数，建成之后就可能无法达到预期的市场和服务面。有时甚至商场销售的品种和市场定位都必须与待建区的人口结构（年龄构成、性别构成、文化水平）、消费水平等结合起来考虑。地理信息系统的空间分析等功能可以帮助解决这些问题。在房地产开发和销售过程中也可以利用地理信息系统进行决策和分析。

9. 基础设施管理

城市的地上、地下基础设施（通信、自来水、道路交通、天然气管线、排污设施、电力设施等）广泛分布于城市的各个角落，并且这些设施明显具有地理参照特征。它们的管理、统计、汇总都可以借助地理信息系统相应功能完成，大大提高工作效率。

## 三、全球导航卫星系统技术

### （一）全球导航卫星系统的类型及功能特点

全球导航卫星系统是包括 4 个全球性的导航卫星系统和 2 个区域性的导航卫星系统在内的全球卫星定位与导航系统的总称。4 个全球性的导航卫星系统是美国的全球定位系统（GPS）、中国的北斗卫星导航系统（BDS）、俄罗斯的格洛纳斯卫星导航系统（GLONASS）和欧盟的伽利略卫星导航系统（GALILEO），2 个区域性的导航卫星系统是日本的准天顶卫星系统（QZSS）和印度区域导航卫星系统（IRNSS）。全球导航卫星系统是能在地球表面或近地空间的任何地点为用户提供全天候的三维坐标和速度以及时间信息的空基无线电导航定位系统。

全球定位系统是全球最早研制和应用的全球导航卫星系统。具有全能性、全球性、全天候、连续性和实时性的导航、定位和定时功能，能为用户提供精密的三维坐标、速度和时间。

格洛纳斯卫星导航系统最早由苏联开发，后由俄罗斯完成，该系统是继 GPS 后的第二个全球卫星导航系统。格洛纳斯卫星导航系统由卫星、地面测控站和用户设备三部分组成。

伽利略卫星导航系统是由欧盟研制和建立的全球卫星导航定位系统，目前有 30 颗卫星在轨运行，基本实现了地面精确定位的功能。伽利略卫星导航系统是世界上第一个基于民用的全球导航卫星定位系统，投入运行后，全球的用户将使用多制式的接收机，获得更多的导航定位卫星的信号，这在无形中极大地提高了导航定位的精度。

北斗卫星导航系统是中国着眼于国家安全和经济社会发展需要，自主建设、独立运行的卫星导航系统，是为全球用户提供全天候、全天时、高精度的定位、导航和授时服务的国家重要空间基础设施。随着北斗卫星导航系统建设和服务能力的发展，相关产品已广泛应用于交通运输、海洋渔业、水文监测、气象预报、测绘地理信息、森林防火、通信系统、电力调度、救灾减灾、应急搜救等领域，逐步渗透人类社会生产和人们生活的各个方面，为全球经济和社会发展注入新的活力。

全球导航卫星系统是全球性公共资源，多系统兼容与互操作已成为发展趋势。中国始终秉持和践行"中国的北斗，世界的北斗，一流的北斗"的发展理念，服务"一带一路"建设发展，积极推进北斗系统国际合作。与其他卫星导航系统携手，与各个国家、地区和国际组织一起，共同推动全球卫星导航事业发展，让北斗系统更好地服务全球、造福人类。

中国的北斗卫星导航系统发展经历三个阶段：2000 年年底，建成北斗一号系统，向中国提供服务；2012 年年底，建成北斗二号系统，向亚太地区提供服务；2020 年前后，建成北斗全球系统，向全球提供服务，2035 年前还将建设成更加泛在、更加融合、更加智能的综合时空体系。

北斗系统由空间段、地面段和用户段三部分组成。北斗系统空间段由若干地球静止轨道卫星、倾斜地球同步轨道卫星和中圆地球轨道卫星三种轨道卫星组成混合导航星座。北斗系统地面段包括主控站、时间同步/注入站和监测站等若干地面站。北斗系统用户段包括北斗兼容其他卫星导航系统的芯片、模块、天线等基础产品，以及终端产品、应用系统与应用服务等。

北斗系统具有以下特点：一是北斗系统空间段采用三种轨道卫星组成的混合星座，与其他卫星导航系统相比高轨卫星更多，抗遮挡能力强，尤其低纬度地区性能特点更为明显。二是北斗系统提供多个频点的导航信号，能够通过多频信号组合使用等方式提高服务精度。三是北斗系统创新地融合了导航与通信能力，具有实时导航、快速定位、精确授时、位置报告和短报文通信服务等多种功能。

## （二）全球导航卫星系统的原理

全球导航卫星系统的基本原理是：测量出已知位置的卫星到用户接收机之间的距离，然后综合多颗卫星的数据就可知道接收机的具体位置。卫星的位置可以根据星载时钟所记录的时间在卫星星历中查出。而用户到卫星的距离则通过记录卫星信号传播到用户所经历的时间，再将其乘以光速即可得到。当导航卫星正常工作时，会不断地发射导航电文。导航电文包括卫星星历、工作状况、时钟改正、电离层时延修正、大气折射修正等信息。当用户接收到导航电文时，提取出卫星时间并将其与自己的时钟做对比便可得知卫星与用户的距离，再利用导航电文中的卫星星历数据推算出卫星发射电文时所处位置，用户在相应的大地坐标系中的位置、速度等信息便可得知。

## （三）全球导航卫星系统的应用

（1）交通应用。全球导航卫星系统的设计目标就是"全球、全天候、实时导航定位"。随着全球导航卫星系统的发展，特别是广域差分系统的完善，定位精度不断提高，全球导航卫星系统在交通应用中完全实现了其设计目标。车载导航系统、手机导航模块使得交通出行更加便利、高效，利用全球导航卫星系统可以对车辆进行跟踪以及自动化调度，同时可以快速响应用户导航需求，极大地降低了能源消耗和运输成本，可以有效避免交通拥堵。

（2）农业应用。全球导航卫星系统与地理信息系统、遥感技术相结合，实现"精准农业"。应用小型自动化设备，配合差分全球导航卫星系统（DGNSS）导航设备、电子监测和控制电路，能够在小面积农田中的网格化种植中进行精确管理。农业机械化设备配备全球导航卫星系统，可以实现耕种、收割等的精细化。

（3）气象预报、灾害预警和救援。目前全球导航卫星系统在气象预报和监测滑坡，泥石流和矿山地面沉降等地质灾害的应用已经较为普遍。全球导航卫星系统与遥感技术相结合，能够准确实现自然灾害的分析判断和预警。全球导航卫星系统还可以在各类灾害的现场救援工作中发挥积极作用。

（4）工程测量与地理测绘。全球导航卫星系统已相当广泛地应用于工程测量、变形监测、地壳运动观测、海洋测绘、道路放线等领域。全球导航卫星系统定位技术同样可以满足此类工程安全监测的要求。利用全球导航卫星系统还可以提高地理测绘数据的精确度。珠峰的岩面海拔为 8 844.43 m，就是采用了经典测量与卫星全球导航卫星系统测量结合的技术方案得到的。

目前，四大全球导航卫星系统均已投入运行，其中，全球定位系统、格洛纳斯卫星导航系统为全面运行状态，北斗卫星导航系统为全球基本系统服务状态，伽利略卫星导航系统为初始运行状态。人们对全球导航卫星系统的依赖性正在不断提升，除上述方面外，智能交通、物流运输、商业航空、海事、旅游等领域也越来越依赖全球导航卫星系统的应用。

# 第二章　地理信息系统

## 第一节　地理信息系统概述

### 一、地理信息系统相关概念

地理信息系统是信息化的核心技术。地理信息系统的概念和技术发展证明它是以需求为驱动，以技术为导引的。地理信息系统技术的应用也不是孤立的，需要与其他相关技术进行集成和协同运行。本节从地理信息系统的概念出发，介绍并讨论其内涵和技术演进历程、地理信息系统组成、建立地理信息系统的目的和作用、与相关学科的关系、地理信息系统产生和发展科学基础以及对这些学科发展的作用。

地理信息系统的概念、含义和组成内容不断发生变化，证明了其与需求和技术发展的密切关系。

地理信息系统是对地理空间实体和地理现象的特征要素进行获取、处理、表达、管理、分析、显示和应用的计算机空间信息系统。

地理空间实体是指具有地理空间参考位置的地理实体特征要素，具有相对固定的空间位置和空间关系、相对不变的属性变化、离散属性取值或连续属性取值的特性。在一定时间内，在空间信息系统中仅将其视为静态空间对象进行处理表达，即进行空间建模表达。只有在考虑分析其随时间变化的特性时，才将其视为动态空间对象进行处理表达，即时空变化建模表达。就属性取值而言，地理实体特征要素可以分为离散特征要素和连续特征要素两类。离散特征要素有城市的各类井、电力和通信线的杆塔、山峰的最高点、道路、河流、边界、市政管线、建筑物、土地利用和地表覆盖类型等，连续特征要素有温度、湿度、地形高程变化、NDVI 指数、污染浓度等。

25

地理现象是指发生在地理空间中的地理事件特征要素，具有空间位置、空间关系和属性随时间变化的特性。需要在系统中将其视为动态空间对象进行处理表达，即记录位置、空间关系、属性之间的变化信息，进行时空变化建模表达。这类特征要素有台风、洪水过程、天气过程、地震过程、空气污染等。

空间对象是地理空间实体和地理现象在地理信息系统中的数字化表达形式。具有随着表达尺度而变化的特性。空间对象可以采用离散对象方式进行表达，每个对象对应现实世界的一个实体对象元素，具有独立的实体意义，称为离散对象。空间对象也可以采用连续对象方式进行表达，每个对象对应一定取值范围的值域，称为连续对象或空间场。

离散对象在地理信息系统中一般采用点、线、面和体等几何要素表达。根据表达的尺度不同，离散对象对应的几何元素会发生变化，如一个城市，在大尺度上表现为面状要素，在小尺度上表现为点状要素；河流在大尺度上表现为面状要素，在小尺度上表现为线状要素等。这里尺度的概念是指制图学的比例尺。

连续对象在地理信息系统中一般采用栅格要素进行表达。根据表达的尺度不同，表达的精度会随栅格要素的尺寸大小变化。这里，栅格要素也称为栅格单元，在图像学中称为像素或像元。数据文件中栅格单元对应地理空间中的一个空间区域，形状一般采用矩形。矩形的一个边长的大小称为空间分辨率。空间分辨率越高，表示矩形的边长越短，代表的面积越小，表达精度越高；空间分辨率越低，表示矩形的边长越长，代表的面积越大，表达的精度越低。

地理空间实体和地理现象特征要素需要通过一定的技术手段，对其进行测量，以获取其位置、空间关系和属性信息，如采用野外数字测绘、摄影测量、遥感、全球定位系统以及其他测量或地理调查方法，经过必要的数据处理，形成地形图、专题地图、影像图等纸质图件或调查表格，或数字化的数据文件。这些图件、表格和数据文件需要经过数字化或数据格式转换，形成某个地理信息系统软件所支持的数据文件格式。目前，测绘地理信息部门所提倡的内外业一体化测绘模式，就是直接提供地理信息系统软件所支持的数据文件格式的产品。对于获取的数据文件产品，虽然在格式上支持地理信息系统的要求，但它们仍然是地图数据，不是地理信息系统数据。将地图数据转化为地理信息系统数据，还需要利用地理信息系统软件，对其进行处理和表达。不同的商业地理信息系统软件，对地图数据转化为地理信息系统数据的处理和表达方法存在差别。

地理信息系统数据是根据特定的空间数据模型或时空数据模型，即对地理空间对象进行概念定义、关系描述、规则描述或时态描述的数据逻辑模型，按照特定的数据组织结构（数据结构），生成的地理空间数据文件。对于一个地理信息系统应用来讲，会有一组数据文件，称为地理数据集。

一般来讲，地理数据集在地理信息系统中多数都采用数据库系统进行管理，但少数也采用文件系统管理。这里，数据管理包含数据组织、存储、更新、查询、访问控制等。就数据组织而言，数据文件组织是其内容之一。为了满足地理数据分析的需要，还需要构造一些描述数据文件之间关系的一些数据文件，如拓扑关系文件、索引文件等，这些文件之间也需要进行必要的概念、关系和规则定义，这就形成了数据库模型，其物理结构称为数据库结构。数据模型和数据结构是文件级的，数据库模型和数据库结构是数据集水平的，理解上应加以区别。但在地理信息系统中，由于它们之间存在密切关系，一些教科书往往会将其放在一起讨论，不做明显区分。针对一个特定的地理信息系统应用，数据组织还应包含对单个数据库中的数据分层、分类、编码、分区组织以及多个数据库的组织内容。

空间分析是地理信息系统的重要内容。地理空间信息是首先对地理空间数据进行必要的处理和计算，进而对其加以解释产生的一种知识产品。一些对地理空间数据处理的方法形成了地理信息系统的空间分析功能。

显示是对地理空间数据的可视化处理。一些地理信息需要通过计算机用可视化方式展现出来，以帮助人们更好地理解其含义。

应用指的是地理信息如何服务于人们的需要。只有将地理信息适当应用于人们的认识行为、决策行为和管理行为，才能满足人们对客观现实世界的认识、实践、再认识、再实践的循环过程，这正是人们建立地理信息系统的目的所在。

## 二、地理信息系统的特点

地理信息系统具有以下五个基本特点。

第一，地理信息系统是以计算机系统为支撑的。地理信息系统是建立在计算机系统架构之上的信息系统，是以信息应用为目的的。地理信息系统由若干相互关联的子系统构成，如数据采集子系统、数据管理子系统、数据处理和分析子系统、图像处理子系统、数据产品输出子系统等。这些子系统功能的强弱直接影响在实际应用中对地理信息系统软件和开发方法的选型。由于计算机网络技术的发展和信息共享的需求，地理信息系统发展为网络地理信息系统是必然的。

第二，地理信息系统操作的对象是地理空间数据。地理空间数据是地理信息系统的主要数据来源，具有空间分布特点。就地理信息系统的操作能力来讲，完全适用于操作具有空间位置，但不是地理空间数据的其他空间数据。空间数据的最根本特点是，每一个数据都按统一的地理坐标进行编码，实现对其定位、定性和定量描述。只有在地理信息系统中，才能实现空间数据的空间位置、属性和时态三种基本特征的统一。

第三，地理信息系统具有对地理空间数据进行空间分析、评价、可视化和模拟的综合利用优势。由于地理信息系统采用的数据管理模式和方法具备对多源、多类型、多格式等空间数据进行整合、融合和标准化管理能力，为数据的综合分析利用提供了技术基础，可以通过综合数据分析，获得常规方法或普通信息系统难以得到的重要空间信息，实现对地理空间对象和过程的演化、预测、决策和管理。

第四，地理信息系统具有分布特性。地理信息系统的分布特性是由其计算机系统的分布性和地理信息自身的分布特性共同决定的。地理信息的分布特性决定了地理数据的获取、存储和管理、地理分析应用具有地域上的针对性，计算机系统的分布性决定了地理信息系统的框架是分布式的。

第五,地理信息系统的成功应用更强调组织体系和人为因素的作用。这是由地理信息系统的复杂性和多学科交叉性所要求的。地理信息系统工程是一项复杂的信息工程，兼有软件工程和数字工程双重性质。人们在进行工程项目的设计和开发时，需要考虑二者之间的联系。地理信息系统工程涉及多个学科的知识和技术的交叉应用，需要配置具有相关知识和技术能力的人才队伍。因此，在建立实施该项工程的组织体系和人员知识结构方面，需要充分认识其工程活动的特殊性要求。

# 第二节　地理信息系统的科学基础

在人类认识自然、改造自然的过程中，人与自然的协调发展是人类社会可持续发展的最基本条件。人口、资源、环境和灾害是当今人类社会可持续发展所面临的四大问题。地球科学的研究为人类监测全球变化和实现区域可持续发展提供了科学依据和手段。地球系统科学、地球信息科学、地理信息科学、地球空间信息科学是地球科学体系中的重要组成部分，它们是地理信息系统发展的科学基础。地理信息系统是这些大学科的交叉学科，促进和影响这些学科的发展。

## 一、地球系统科学

地球系统科学是研究地球系统的科学。地球系统是指由大气圈、水圈、土壤岩石圈和生物圈（包括人类自身）四大圈层组成的作为整体的地球。

地球系统包括自地心到地球的外层空间的十分广阔的范围，是一个复杂的非线性系统。在它们之间存在地球系统各组成部分之间的相互作用，物理、化学和生物三大基本过程之间的相互作用，以及人与地球系统之间的相互作用。地球系统科学作为一门新的综合性学科，将构成地球整体的四大圈层作为一个相互作用的系统，研究其构成、运动、变化、过程、规律等，并与人类生活和活动结合起来，借以了解现在和过去，预测未来。地球科学作为一个完整的、综合性的学科，它的产生和发展是人类为解决所面临的全球性变化和可持续发展问题的需要，也是科学技术向深度和广度发展的必然结果。

就解决人类当前面临的人与自然的问题而言，如气候变暖、臭氧洞的形成和扩大、沙漠化、水资源短缺、植被破坏和物种大量消亡等，已不再是局部或区域性问题。就学科内容而言，它已远远超出了单一学科的范畴，而涉及大气、海洋、土壤、生物等各类环境因子，又与物理、化学和生物过程密切相关。因此，我们只有从地球系统的整体着手，才有可能弄清这些问题产生的原因，并寻找到解决这些问题的办法。从科学技术的发展来看，对地观测技术的发展，特别是由 GPS、RS、GIS 组成的对地观测与分析系统，提供了对整个地球进行长期的立体监测能力，为收集、处理和分析地球系统变化的海量数据，建立复杂的地球系统的虚拟模型或数字模型提供了科学工具。

由于地球系统科学面对的是综合性问题，应该采用多种科学思维方法，这就是大科学思维方法，包括系统方法、分析与综合方法、模型方法。

系统方法是地球系统科学的主要科学思维方法。这是因为地球系统科学本身就是将地球作为整体系统来研究的。这一方法体现了在系统观点指导下的系统分析和在系统分析基础上的系统综合的科学认识的过程。

分析与综合方法是从地球系统科学的概念和所要解决的问题来看的，是地球系统科学的科学思维方法。此方法包括从分析到综合的思维方法和从综合到分析的思维方法，实质上是系统方法的扩展和具体化。

模型方法是针对地球系统科学所要解决的问题及其特点，建立正确的数学模型，或地球的虚拟模型、数字模型，是地球系统科学的主要科学思维方法之一。这对研究地球系统的构成、过程推演、变化预测等至关重要。

关于地球系统科学的研究内容，目前得到国际公认的主要包括气象和水系、生物化学过程、生态系统、地球系统的历史、人类活动、固体地球、太阳影响等。

综上所述，可以认为地球系统科学是研究组成地球系统的各个圈层之间的相互关系、相互作用机制、地球系统变化规律和控制变化的机理，从而为预测全球变化、解决人类面临的问题奠定科学基础，并为地球系统科学管理提供依据的一门综合性学科。

## 二、地球信息科学

地理信息科学是地球系统科学的组成部分，是研究地球表层信息流的科学，或研究地球表层资源与环境、经济与社会的综合信息流的科学。就地球信息科学的技术特征而言，它是记录、测量、处理、分析和表达地球参考数据或地球空间数据学科领域的科学。

"信息流"这一概念是陈述彭院士在 1992 年针对地图学在信息时代面临的挑战而提出的。他认为，地图学的第一难关是解决地球信息源的问题。在 16 世纪以前，人类主要是通过艰苦的探险、组织庞大的队伍和采用当时认为是最先进的技术装备来解决这个问题；16—19 世纪，地图信息源主要来自大地测量及建立在三角测量基础上的地形测图；20 世纪前半叶，地图信息源主要来自航空摄影和多学科综合考察；20 世纪后半叶，地图信息源主要来自卫星遥感、航空遥感和全球定位系统。可以预见，21 世纪，地图信息源将主要来自由卫星群、高空航空遥感、低空航空遥感、地面遥感平台，并由多光谱、高光谱、微波，以及激光扫描系统、定位定向系统（POS）、数字成像成图系统等共同组成的星、机、地一体化立体对地观测系统；它可基于多平台、多谱段、全天候、多分辨率、多时相对全球进行观测和监测，极大地提高了信息获取的手段和能力。但明显的事实是，无论信息源是什么，其信息流程都明显表示为信息获取→存储检索→分析加工→最终视觉产品。在信息化、网络化时代，信息不是静止的，而是动态的，应表现为信息获取→存储检索→分析加工→最终视觉产品→信息服务的完整过程。

地球信息科学属于边缘学科、交叉学科或综合学科。它的基础理论是地球科学理论、信息科学理论、系统理论和非线性科学理论的综合，是以信息流作为研究的主题，即研究地球表层的资源、环境和社会经济等一切现象的信息流过程，或以信息作为纽带的物质流、能量流，包括人才流、物流、资金流等的过程。这些都被认为是由信息流所引起的。

国内外的许多著名专家都认为，地球信息科学的主要技术手段包括 3S 技术等高新技术，或者说，地球信息科学的研究手段，就是由 3S 技术构成的立体的对地观测系统。其运作特点是：在空间上是整体的，而不是局部的；在时间上是长期的，而不是短暂的；在时序上是连续的，而不是间断的；在时相上是同步的、协调的，而不是异相的、分属于不同历元的；在技术上不是孤立的，而是由三种技术集成的。它们共同组成对地观测系统的核心技术。

在对地观测系统中，遥感技术为快速获取、更新地球空间信息提供了先进的手段，并通过遥感图像处理软件、数字摄影测量软件等提供影像的解译信息和地学编码信息。地理信息系统则对这些信息加以存储、处理、分析和应用。而全球定位系统则在瞬间提供对应的三维定位信息，作为形成具有定位与定向功能的数据采集系统、具有导航功能的地理信息系统的依据。

## 三、地理信息科学

地理信息科学是信息时代的地理学，是地理学信息革命和范式演变的结果。它是关于地理信息的本质特征与运动规律的一门科学，它研究的对象是地理信息，是地球信息科学的重要组成成分。

地理信息科学的提出和理论创建，来自两个方面，一是技术与应用的驱动，这是一条从实践到认识、从感性到理论的思想路线；二是科学融合与地理综合思潮的逻辑扩展，这是一条理论演绎的思想路线。在地理信息科学的发展过程中，两者相互交织、相互促动，共同推进地理学思想发展、范式演变和地理科学的产生和发展。地理信息科学本质上是地理学思想在两者的推动下演变的结果，是新的技术平台、观察视点和认识模式下的地理学的新范式，是信息时代的地理学。人类认识地球表层系统，经历了从经典地理学、计量地理学到地理信息科学的漫长历史时期。不同的历史阶段，人们以不同的技术平台，从不同的科学视角出发，得到不同的关于地球表层的认知模型。

地理信息科学主要研究在应用计算机技术对地理信息进行处理、存储、提取以及管理和分析过程中所提出的一系列基本理论和技术问题，如数据的获取和集成、分布式计算、地理信息的认知和表达、空间分析、地理信息基础设施建设、地理数据的不确定性及其对于地理信息系统操作的影响、地理信息系统的社会实践等，并在理论、技术和应用三个层次构成地理信息科学的内容体系。

## 四、地球空间信息科学

地球空间信息科学是以全球定位系统、地理信息系统、遥感为主要内容，并以计算机和通信技术为主要技术支撑，用于采集、量测、分析、存储、管理、显示、传播和应用与地球和空间分布有关数据的一门综合和集成的信息科学和技术。地球空间信息科学是地球科学的一个前沿领域，是地球信息科学的重要组成部分，是以 3S 技术为代表，包括通信技术、计算机技术的新兴学科。其理论与方法还处于初步发展阶段，完整的地球空间信息科学理论体系还有待建立，一系列基于 3S 技术及其集成的地球空间信息采集、存储、处理、表示、传播的技术方法有待发展。

地球空间信息科学作为一个现代的科学术语，是 20 世纪 80 年代末90 年代初才出现的。而作为一门新兴的交叉学科，由于人们对它的认识各不相同，出现了许多类似但又不完全一致的科学名词，如：地球信息机理、图像测量学、图像信息学、地理信息科学、地球信息科学等。这些新的科学名词的出现，无一不与现代信息技术，如遥感、数字通信、互联网络、地理信息系统的发展密切相关。

地球空间信息科学与地理空间信息科学在学科定义和内涵上存在重叠，甚至人们认为是对同一个学科内容，从不同角度定义的科学名词。从测绘的角度理解，地球空间信息科学是地球科学与测绘科学、信息科学的交叉学科。从地理科学的角度理解，地球空间信息科学是地理科学与信息科学的交叉学科，即被称为地理空间信息科学。但地球空间信息科学的概念要比地理信息科学要广，它不仅包含了现代测绘科学的全部内容，还包含了地理空间信息科学的主要内容，而且体现了多学科、技术和应用领域知识的交叉与渗透，如测绘学、地图学、地理学、管理科学、系统科学、图形图像学、互联网技术、通信技术、数据库技术、计算机技术、虚拟现实与仿真技术，以及规划、土地、资源、环境、军事等领域。它研究的重点与地球信息科学接近，但它更侧重于技术、技术集成与应用，更强调"空间"的概念。

# 第三节 地理信息系统的技术基础

地理信息系统是一项多种技术集成的技术系统。地理空间数据采集技术（包括遥感技术、全球定位系统、数字测图技术等）、计算机网络技术、现代通信技术等构成了地理信息系统技术体系。

## 一、地理空间数据采集技术

地理空间信息的获取与更新是地理信息系统的关键。以现代遥感技术、全球定位系统、数字测图技术等构成的空间数据采集技术体系是 GIS 数据采集与更新技术体系的主要内容。

星、机、地一体化的遥感立体观测和应用体系集成了高分辨率、多时相遥感影像的快速获取和处理技术，这里"高分辨率"可理解为高空间分辨率和高辐射分辨率（即高光谱分辨率），全球定位系统、三维激光扫描技术等多项技术构成了不同的采集平台和数据处理系统。

### （一）遥感技术

遥感技术是一种非接触式的远距离探测技术，基于电磁波理论，通过传感仪器收集、处理远距离目标辐射和反射的电磁波信息并成像，以实现对地面景物的探测和识别。这种技术能够避免对环境和物体的干扰，应用广泛。

遥感技术的工作原理是，物体能够辐射电磁波，这种辐射根据物体的温度和组成不同而有所差异。遥感传感器通常安装在卫星、飞机、无人机等平台上，通过测量地球表面发射或反射的电磁辐射，利用光谱分析等技术获取地表特征信息。

随着技术的进步，遥感数据的分辨率不断提高，应用领域也在不断拓展。例如，合成孔径雷达（SAR）技术能够在多云或夜间条件下获取地表信息，无人机遥感因其高灵活性和低成本在精准农业、灾害监测等领域得到广泛应用。

## （二）全球定位系统

全球定位系统，是美国从 20 世纪 70 年代开始研制的新一代空间卫星导航定位系统。该系统于 1994 年全面建成，具有在海、陆、空进行全方位实时三维导航与定位功能。全球定位系统主要由空间部分、地面监控部分和用户设备部分组成。空间部分由 24 颗卫星组成（包括 3 颗备用卫星），它们分布在 6 条轨道上，确保地球上任何地方、任何时间都可以同时观测到至少 4 颗卫星，从而实现全球全天候连续的导航定位服务。地面监控部分由主控站、监测站和地面跟踪站组成，负责接收卫星信号，计算卫星轨道和钟差等参数，并将这些数据发送给卫星。用户设备部分则是 GPS 接收机，用于接收卫星信号，并据此求得距离观测量和导航电文，计算出接收机的位置及速度。全球定位系统的原理基于到达时间差（时延）的概念，利用每颗卫星的精确位置和连续发送的星上原子钟生成的导航信息，获得从卫星至接收机的到达时间差，进而确定距离。接收机接收到至少 4 颗卫星的信号后，通过三角测量原理计算出自己的位置。信号在空间中传播的速度是已知的，因此可以通过计算信号传播的时间来确定距离。

利用全球定位系统可迅速获取一些关键点、线、变化区域的边界数据。用户只需持 GPS 接收机沿地面移动，即可快速获取所过之处的地理坐标。

## （三）数字测图技术

数字测图技术（DSM）是以计算机及其软件为核心，在外接输入、输出设备的支持下，对地形空间数据进行采集、输入、成图、绘图、输出、管理的测绘系统。它代表了测绘技术向数字化、自动化、智能化方向发展的趋势，是现代测绘技术的重要标志。

数字测图技术主要包括数据输入、数据处理和数据输出三部分。在实际操作中，通常使用全站仪等设备进行数据采集，然后通过计算机进行数据处理和地图绘制。这种技术能够高精度地反映地形特征，并且可以自动记录、自动解算处理、自动成图，大大减少了由于人工操作造成的错误，提高了绘图效率和准确率以及成图精度。

数字测图技术的成果是数字地图，它以数字形式存贮在磁盘、磁带、光盘等介质上，具有信息量远大于普通地图、易于修改、可任意比例尺和范围绘图输出等优点。数字地图还可以与卫星影像等其他信息源结合，生成不同图来满足不同用户的需求。

数字测图技术的应用范围非常广泛，包括测绘、水利水电、土地管理、城市规划、环境保护和工程等领域。在测绘生产中，数字测图技术已逐渐取代传统的白纸测图，成为地形测图的主流。

## 二、计算机网络工程技术

计算机网络工程技术是 GIS 网络化的基础。现代网络技术的发展为构建企业内部网 GIS、移动 GIS 和无线 GIS 提供了多种网络互联方式。

企业内部网是执行 TCP/IP 协议的现代局域网建网技术和标准，用于支持一个企业或机构内的网络互联需求。它们在一定范围内可构成因特网的园区网。考虑网络数据安全问题、数据共享和系统服务的需求，以及多数已存在的建设现状，在 GIS 网络工程的设计中，一般将现有的单网改造成内外隔离的双网（即单布线结构的双网分离）。但在这种结构中，必须采用安全隔离集线器与安装了安全隔离卡的安全计算机配合使用。

上述的计算机网络结构，主干网络一般采用千兆以太网，主干布线到各楼层。楼层中各子网可根据需要和任务特性按照星形结构或总线结构搭建。

在一个企业或机构内部，为了对海量数据提供管理、共享服务，一般还可构建数据存储局域网。

为了支持视频、多媒体以及虚拟现实与仿真综合决策会商需要，还可建立多媒体视讯会商中心局域网。

为了支持移动通信，满足现场办公、其他民用空间信息传输的要求，还可能需要建立无线或移动局域网，或无线通信网络。根据移动通信接入的方式，又分为全无线网方式和微蜂窝方式。

企业内部网经过网络互联，构成支持 GIS 网络化的广域网，目前主要是因特网。

## 三、现代通信技术

通信技术是传递信息的技术。通信系统是传递信息所需的一切技术、设备的总称，泛指通过传输系统和交换系统将大量用户终端（如电话、传真、电视机、计算机等）连接起来的数据传递网络。通信系统是建立WebGIS 必不可少的信息基础设施，宽带高速的通信网络俗称"信息高速公路"。

在地理信息系统的建设工程中，通信网络有专用网络和公用网络。前者由企业或机构建设，并服务于专门目的的信息通信；后者一般由国家或地区建立，提供公共的数据传输服务。通信技术从模拟通信到数字通信，从早年架空明线的摇把电话，到电缆纵横交换网、光纤程控交换网、卫星通信网、微波通信网、蜂窝方式移动电话网、数据分组交换网，再到综合业务网，为 WebGIS 的数据通信方式提供了多种选择。

在信息传输方面，主要包括移动通信、光纤通信、卫星通信和数字微波通信。

### （一）移动通信

早期的通信形式属于固定点之间的通信，随着人类社会的发展，信息传递日益频繁，移动通信正是因为具有信息交流灵活、经济效益明显等优势，得到了迅速发展。移动通信最大的优点是可以在移动的时候实现通信，方便又灵活。现在的移动通信系统主要有蜂窝系统、集群系统等。

### （二）光纤通信

光纤通信以提供宽带高速通信为主要技术特点，具有损耗低、中继距离长、可抗电磁干扰、质量轻、耐腐蚀、耐高温等优点。光纤通信 20 世纪 80 年代中期进入实用化，至 20 世纪 90 年代中期，每两根光纤可开通 2.5 Gb/s，3 万多话路。进入 20 世纪 90 年代后期，光纤通信的波分复用系统（WDM）进入实用化，两根光纤可开通 32、64 甚至 100 多个通道，每个通道可开通 2.5 Gb/s 系统或 10 Gb/s 系统，每两根光纤开通 $32 \times 10$ Gb/s 系统，甚至 $64 \times 10$ Gb/s 系统，并于 2000 年实现商业化。在实验室通信最高容量已经达到 $82 \times 40$ Gb/s，共 3.28 Tb/s，传输 300 km。如果有

37

了密集波分多路服务系统（DWDM）和光纤放大器（EDFA），一根光纤的最大传输容量可跃升至 1 Tb/s，传输距离可延伸至几百甚至一千公里。

## （三）卫星通信

卫星通信的特点是覆盖面积大（一颗卫星可覆盖全球 1/3 以上面积），其广播功能更是其他方式无可比拟的。卫星通信特点之一是高速因特网在 VSAT 系统中的应用。卫星通信不受自然地理环境的限制，对任何用户而言，用于接收因特网的信息费用都是相同的，应用 VSAT 系统传输因特网信息，每个用户都通过卫星建立直达路由，避免地面线路的多次转接，因而传输质量好，为因特网开辟了一条高速空中下载通道。虽然通信需求是点到多点的，但今天大多数仍在使用低效的点对点的 TCP/IP 协议，当许多人都有大量信息传输要求时，这将成为一个传输瓶颈。IP 多点广播是解决问题的有效方案。基于卫星的数据传输系统具有一种天然的广播功能，这使得针对大量用户的 IP 多点广播成为可能。

地理信息系统的通信网络与公网不同，它是按照空间信息采集和传输的要求建立的。空间信息采集的站点，有时还可能分布在人口稀疏、远离城市、环境条件恶劣、传输困难、公网覆盖不到的地方。若用有线接入是不现实的，无线接入系统更合适。

## （四）数字微波通信

数字微波通信（又称数字微波中继通信）是在数字通信和微波通信的基础上发展的一种先进通信技术。它是利用微波作为载体，用中继方式传递数字信息的一种通信方式。数字微波通信有多项优点：微波射频带宽很宽，一个微波通道能够同时传输数百乃至数千路数字电话；可与数字程控交换机等设备直接接口，组成传输与交换一体化的综合业务数字网（ISDN），不需要模 / 数转换设备，有利于各种数字业务的传输；数字微波传输信息可利用再生中继方式，避免模拟微波中继系统中的噪声积累，抗干扰性强；与光纤、卫星通信系统相比，具有投资少、见效快、机动性好、抗自然灾害性强等。通常一个大型网络需要利用多种通信方式来建立 GIS 的通信网络，例如数字流域通信网络。

# 第三章　GIS 技术应用

## 第一节　数字地球、数字城市与智慧城市

### 一、数字地球

#### （一）数字地球的概念及技术特点

数字地球提供了一种人类认识地球的全新的方式，其核心思想是用数字化手段统一处理地球问题和最大限度利用信息资源，它是地理信息系统的延伸和最终的发展归宿。数字地球以计算机技术、多媒体技术和大规模存储技术为基础，以宽带网络为纽带，运用海量地球信息对地球进行多分辨率、多尺度、多时空和多种类的三维描述。1998 年 1 月，美国副总统戈尔在美国加利福尼亚科学中心开幕典礼上发表了题为"数字地球：认识二十一世纪我们所居住的星球"的演说，正式提出数字地球的概念。

数字地球是指以地球作为对象、以地理坐标为依据，具有多分辨率、海量的和多种数据融合的，并可用多媒体和虚拟技术进行多维（立体的和动态的）表达的，具有空间化、数字化、网络化、智能化和可视化特征的技术系统。可以说，数字地球是指整个地球经数字化之后由计算机网络来管理的技术系统，是对真实地球及其相关现象统一的数字化重现和认识。其核心思想是用数字化的手段来处理整个地球的自然和社会活动各方面的问题，最大限度地利用资源，并使人们能够通过一定方式便捷地获得想了解的信息。

数字地球的特点是嵌入海量地理数据，实现对地球三维地、多分辨率地描述，即"虚拟地球"。通俗地讲，就是用数字的方式将地球、地球

上的活动以及整个地球环境的时空变化装入电脑,实现在网络上的流通,并使之最大限度地为人类的生存、可持续发展和日常的工作、学习、生活及娱乐服务。

要在电子计算机上实现数字地球不是一个很简单的事,它需要诸多学科,特别是信息科学技术的支撑。其中主要包括信息高速公路和计算机宽带高速网络技术、高分辨率卫星影像、空间信息技术、大容量数据处理与存储技术、科学计算以及可视化和虚拟现实技术。

数字地球的核心是地球空间信息科学,地球空间信息科学的技术体系中最基础的技术核心是 3S 技术及其集成。没有 3S 技术的发展,现实变化中的地球是不可能以数字形式进入计算机网络系统的。一方面,数字地球的研究和建设为 3S 技术的发展创造了条件,另一方面,3S 技术的发展为数字地球的建设提供了支持。

数字地球另一个特点是虚拟现实技术的运用。建立了数字地球以后,用户戴上显示头盔,就可以看见地球从太空中出现,使用"用户界面"的开窗放大数字图像;随着分辨率的不断提高,用户看见了大陆,然后是乡村、城市,最后是住宅、商店、树木和其他天然和人造景观;当用户对商品感兴趣时,可以进入商场,欣赏商场内的衣服,并可根据自己的体型,构造虚拟的自己试穿衣服。

虚拟现实技术为人类观察自然、欣赏景观、了解实体提供了身临其境的感觉。最近几年,虚拟现实技术发展很快。虚拟现实造型语言(VRML)不仅是一种面向网络、面向对象的三维造型语言,还是一种解释性语言。它不但支持数据和过程的三维表示,而且能使用户走进视听效果逼真的虚拟世界,从而实现数字地球的表示,以及通过数字地球实现对各种地球现象的研究和人们的日常应用。实际上,人造虚拟现实技术在摄影测量中早已是成熟的技术,近年来数字摄影测量快速发展,已经能够在计算机上建立可供量测的数字虚拟技术。当然,当前的技术是对同一实体拍摄照片,产生视差,构造立体模型,通常是当模型处理。虚拟现实技术的进一步发展是对整个地球进行无缝拼接,任意漫游和放大,由三维数据通过人造视差的方法,构造虚拟立体。

### （二）数字地球的功能及应用

（1）全球环境变化研究。数字地球可以广泛用于对全球气候变化、海平面变化、荒漠化、生态与环境变化、土地利用变化的监测。与此同时，利用数字地球，还可以对社会可持续发展的许多问题进行综合分析与预测，如自然资源与经济发展、人口增长与社会发展、灾害预测与防御等。

（2）灾害监测与救援。数字地球技术在全球性的灾害监测中都发挥着巨大的作用，在监测、预测、分析这些灾害现象后，把灾害的信息呈报到决策部门，由决策部门及时对受灾群众进行解救，采取举措防止灾害的进一步发生。

（3）精细农业。农业要走节约化的道路，实现节水农业、优质高产无污染农业。这就要依托数字地球，每隔 3 ~ 5 天给农民送去他们的农田的高分辨率卫星影像，农民通过农业专家的指引，可知晓田里庄稼的长势征兆，专家们通过 GIS 分析制订出行动计划，然后在车载全球导航卫星系统和电子地图的指引下，指导农民实施农田作业，及时地预防病虫害，把杀虫剂、化肥和水用到必须用的地方，而不致使化学残留物污染土地、粮食和种子，实现真正的绿色农业。

（4）智能交通。智能运输系统是基于数字地球建立国家和省、自治区、直辖市的路面管理系统、桥梁管理系统、交通阻塞、交通安全以及高速公路监控系统，并将先进的信息技术、数据通信传输技术、电子传感技术、电子控制技术以及计算机处理技术等有效地集成运用于整个地面运输管理体系，而建立起的一种在大范围内、全方位发挥作用的，实时、准确、高效的综合运输和管理系统，它可以实现运输工具在道路上的运行功能智能化，从而使公众能够高效地使用公路交通设施和能源。具体地说，该系统将采集到的各种道路交通及服务信息经交通管理中心集中处理后，传输给公路运输系统的各个用户（驾驶员、居民、警察局、停车场、运输公司、医院等），出行者可实时选择交通方式和交通路线；交通管理部门可自动进行合理的交通疏导、控制和事故处理；运输部门可随时掌握车辆的运行情况，进行合理调度，从而使路网上的交通流运行处于最佳状态，改善交通拥挤和阻塞，最大限度地提高路网的通行能力，提高整个公路运输系统的机动性、安全性和生产效率。

（5）城市规划与管理。利用高分辨率正射影像、城市地理信息系统、建筑 CAD 等数据及软件，建立虚拟城市和数字化城市，实现真三维、多时相的城市漫游、查询分析和可视化。数字地球服务于城市规划、市政管理、城市环境、城市通信与交通、公安消防、保险与银行、旅游与娱乐等各个方面，有力地促进城市的可持续发展和市民生活质量的提高。

（6）科研服务。数字地球是用数字方式为研究地球及其环境的学者服务的重要手段。地壳运动、地质现象、地震预报、气象预报、土地动态监测、资源调查、灾害预测和防治、环境保护等无不需要利用数字地球。数据的不断积累与更新使人类能够更好地认识和了解我们生存和生活的这个星球，运用海量地球信息对地球进行多分辨率、多时空、多种类的三维描述已不再是幻想。

## 二、数字城市

数字城市是数字地球技术在特定区域的具体应用，是数字地球的重要组成部分。数字城市通过宽带多媒体信息网络、地理信息系统等基础设施平台，整合城市信息资源，建立电子政务、电子商务、劳动社会保障等信息系统和信息化社区，实现对城市信息的综合分析和有效利用，提高城市管理效率、节约资源，促进城市可持续发展。数字城市是综合运用地理信息系统、遥感、全球定位系统、宽带多媒体网络及虚拟仿真技术，对城市基础设施功能机制进行动态监测管理以及辅助决策的技术体系。其具备将城市地理、资源、环境、人口、经济、社会等复杂系统进行数字化、网络化、虚拟仿真、优化决策支持和可视化表现等强大功能。

数字城市的基本内容和任务主要是对城市区域的基础环境资源与管理，包括企业和社会、工业与商业、金融与证券、教育与科技、医疗与保险、文化与生活等各个子领域进行数字化后，建立分布式数据库，通过有线与无线网络互联互通，实现网上管理、网上经营、网上购物、网上学习、网上会商、网上影剧院等网络化生存，确保人地关系的协调发展。数字城市是一个结构复杂、周期很长的系统工程，在建设进度上需要采用分期建设的方式。

## 三、智慧城市

智慧城市是数字城市的智能化，是数字城市功能的延伸、拓展和升华，通过物联网把数字城市与物理城市无缝连接起来，利用云计算技术对实时感知数据进行处理，并提供智能化服务。简单地说，智慧城市就是让城市更"聪明"，本质上是让作为城市主体的人更聪明。智慧城市是通过互联网把无处不在的被植入城市物体的智能化传感器连接起来形成物联网，实现对物理城市的全面感知，利用云计算等技术对感知信息进行智能处理和分析，实现网上"数字城市"与物联网的融合，并发出指令，对包括政务、民生、环境、公共安全、城市服务、工商活动等在内的各种需求做出智能化响应和智能化决策支持。

智慧城市的"智慧"具有如下 3 个方面的特点。

第一，更加全面的信息资源。城市本身可看成庞大的信息资源库，这些信息不仅反映了一个城市的真正需求，而且是治理城市和运行城市的基础，是政府用以制订合理政策和选用行政手段的条件。智慧城市整体构架中的平台层的四大基础信息库包括人口基础信息库、法人单位基础信息库、自然资源和空间地理基础信息库、宏观经济信息数据库。智慧城市依赖所部署的感知网络，实时、连续地收集和存储随时变化的信息，为政府高效运转和人们生活便利提供强有力的支撑。

第二，更加深入的互联互通。城市感知网络所获取的信息要汇集，以便于挖掘有用的知识，同时感知网络本身也要连成一体。换句话说，多种网络形式要有更加深入的互联互通，如固定电话网、互联网、移动通信网、传感器网、工业以太网等。网络的价值将随节点数量增长而呈现平方增长，且各独立子网联成大网，增加信息的交互程度，提供网络的整体自学习能力和智能处理能力，使信息增值的同时更加全面、具体、有用和可用。

第三，更加有效的协同共享。在传统城市资源分配和管理中，信息资源和实体资源被各行业、部门等主体之间的边界和壁垒所分割，资源的组织方式是零散的，智慧城市"协同共享"的目的就是打破这些壁垒，形成具有统一性的城市资源体系，使城市不再出现"资源孤岛"和"应用孤岛"。在协同共享的智慧城市中，任何一个应用环节都可以在授权后启动相关联的应用，并对其应用环节进行操作，从而使各类资源可以根据系统的需要，发挥其最大的价值。

数字城市与智慧城市建设都需要城市基础地理信息数据库的支撑，而 3S 技术是城市基础地理信息数据库的技术基础，特别是数字城市与智慧城市都需要获取信息和掌握信息。时间和空间是对事物存在方式和运动方式的量度，人们对空间的掌握还远远不够。随着社会经济发展，各行各业对地理空间信息的需求日益旺盛，3S 技术的出现和发展，也深刻改变人类的生活方式。

# 第二节　土木工程中 GIS 的应用

随着中国城市化步伐的加快，土木工程作为人类改变自然、改善人居环境的重要手段，正在发挥重要作用。GIS 软件功能日趋多样化，在土木工程领域得到了广泛应用并促进土木工程中若干重要研究方向的进一步发展。从一定程度上讲，GIS 的应用将加快土木工程的信息化建设，引起土木工程管理方式的深刻改变，促进土木工程技术和施工手段的革新。目前，土木工程师们对工程的管理思想和施工的思维方式正在受到 GIS 技术应用的影响和改变。

## 一、概述

20 世纪 80 年代以来，GIS 得到广泛应用，在许多领域发挥着处理空间数据的优势。GIS 在土木工程领域的应用也存在潜在的市场。就实际情况而言，土木工程中处理的数据往往具有空间定位的特性，GIS 处理海量数据的能力和空间分析功能，可以加快土木工程施工中的数据处理速度。一项重大的土木工程，从规划、设计到施工、建成，都需要处理大量的土木工程空间数据。每项土木工程都与空间地理环境密切相关，如拟建建筑物位置的选择、道路桥梁规划布置、建筑物地基地质环境分析、地下管线的空间布局等都需要空间数据和信息的支持。GIS 在土木工程中的应用既能快速解决这些问题，又能保证结果的客观性和可行性。目前，GIS 在工程监测、施工管理及灾害预测与评估中的应用都显示出其特有的优越性。

## 二、岩土工程与 GIS

### （一）工程地质勘察

将 GIS 技术应用于工程地质勘察，可以利用 GIS 管理空间数据、处理空间数据、进行空间分析的强大功能，将工程地质勘察或区域地质调查中获取的基础地理信息成果资料（如各种图形、图像、表格、文本报告等）进行统一存储、管理、分析和显示。根据采集的二维平面数据可以生成地质岩性二维分布图形并分析计算；将二维平面数据与钻孔采集的岩性数据相结合，可以建立三维地质结构模型。在工程地质勘察中采用虚拟现实、三维建模等可视化技术，可以仿真、形象地表达地质结构以及岩性单元的空间展布特征，促进岩土工程的数字化、信息化、可视化。GIS 在工程地质勘察中的应用，建立工程地质空间信息系统，可为管理部门和工程施工单位提供有效的工程地质信息和科学决策依据。

目前，国内将 GIS 科学技术应用于工程地质勘察的业务流程中，开发相关的 GIS 专业应用系统成为 GIS 应用软件研发的一个新方向。在这个新方向上，国内也不乏优秀案例，如 MapGIS 工程勘察信息系统、理正工程地质勘察系列软件等。典型的工程地质勘察 GIS 由以下几个功能模块组成。

#### 1. 数据采集与管理

工程地质勘察业务流程中的数据采集与管理主要实现对地理背景数据、岩土勘察数据等的输入、编辑、存储、检索、显示等。工程地质勘察中采集的数据需要数据库管理，可根据实际工程的需要建立地理背景数据库和岩土勘察数据库，以实现对勘察数据的存储和更新。工程勘察 GIS 软件兼有 GIS 管理空间数据的能力，可以同步管理如钻孔数据和平面图形数据等，钻孔数据可以作为平面图形的属性数据存储于属性表中。

各种地质体的三维建模结果和成果资料的存储与管理，以及多种空间分析和统计图表成果的存储与管理，可以视为工程地质勘察地理信息管理系统的功能。

2. 空间分析功能应用

GIS 空间分析的功能在工程地质勘察中的应用：①生成钻孔布置平面布图、岩土层柱状图和岩土剖面图等基本图件；②根据离散的钻孔测试数据生成等值线，如某成分含量等值线、岩层层厚等值线、岩层的底面和顶面的深度等值线等；③根据钻孔采样的试验数据进行缓冲分析和叠加分析；④根据钻孔采样的试验数据进行空间自相关等空间统计分析。

3. 三维地质结构可视化

GIS 在工程地质勘察中的应用，可以根据岩性平面数据和钻孔数据自动建立地质岩性空间展布特征的三维地质结构模型。通过虚拟现实、三维建模技术建立可视化的物体的三维结构。对于地质环境比较复杂的地质单元，可以通过工程地质实测剖面修正三维建模，处理地质岩层的夹层、地质岩层尖灭、透镜体等特殊岩土现象。同时，对地质体的三维模型可以提供多种方式的可视化表达，如透视图、阴影图，或者生成任意位置的剖面图、切割模型等。

4. 成果输出

GIS 可以生成工程地质勘察中多种多样的平面图件和各种统计图表，这些成果可以灵活方便地屏显输出和打印输出，还可以对地质体的三维模拟结果生成静态图、动态图等成果并屏显输出，地质体的空间分析和量算的结果可以屏显输出和打印输出。

## （二）工程制图

GIS 技术起源于计算机辅助设计和计算机辅助制图，通过 GIS 技术工程制图可以达到 CAD 制图的输出效果，并实现工程信息的综合应用。在土木工程的规划、施工和管理中，很多工作内容和工作成果虽然不是 GIS 的研究领域，但是处理的数据有很多是以空间数据为主的，往往需要图形、图像的拼接处理。工程制图引入 GIS，可以借助其强大的图形、图像处理功能，使制图更准确、高效。

## 1. 岩土地质等值线图的生成

岩土工程中地质等值线图是一种应用非常广泛的图形。地质等值线图是将具有相同数值的岩土特性的控制点连接而成的图形，可显示地球表面上岩土特性在二维平面空间的展布情况。如土层厚度、某岩层金含量等的离散控制点的等值点连接而成的图形。岩土地质等值线图是岩土地质数据的图形化表达。这种图可以使决策者和施工人员清楚地看到岩土地质数据变化的趋势和计算机空间差值模拟的直观结果，是反映区域地质情况的重要图件之一。

## 2. 岩体性质分布图的编制

地理学第一定律（空间相关性定律）描述了自然界中地物性质的相关性与距离有关，即距离相近的事物比距离远的事物具有更大的相似性。在地质岩层性质空间分布的现象中，这种空间相关性定律也得到了广泛印证，并将其应用在了各类工程地质图件的编制中。例如，利用钻孔采样数据绘制工程地质的岩性剖面图以及绘制工程地质中各种专题的等值线图时，采用的反距离权插值方法就应用了这种原理，即离插值点越近的采样样本点被赋予的权重越大，对插值点的取值或性质的影响就越大。但在岩体性质空间分布图的编制过程中，钻孔采样样本点的数据往往是有限并离散的，为了推断钻孔采样点之间的岩性分布情况，应用空间相关性定律也是比较合理的。

泰森多边形是利用有限离散的已知空间位置的点集合对空间平面进行空间划分，形成分割单元组成的多边形。它是荷兰气候学家利用气象站监测的降雨量估算平均降雨量时提出的。这种方法根据离散分布的气象站监测的降雨量来计算连续空间范围内的平均降雨量。该方法是将所有相邻的气象监测站（点数据）作为顶点连成三角形，分别作所有三角形每条边的垂直平分线，这些垂直平分线相互相交并形成多边形，每个多边形内包含唯一的气象监测站点。所有的多边形便构成泰森多边形，用每个多边形内所包含的气象监测站点监测获取的降雨强度来代表每个多边形连续空间区域内的降雨强度。

泰森多边形的原理和特点很好地反映了这种相近、相似原理。因此，人们在岩体性质分布图的编制过程中，采用泰森多边形法也是科学合理的。一些大型 GIS 软件，如 ArcGIS、MapGIS 等，均可完成泰森多边形分析。

### 3. 图幅拼接

图幅拼接也是岩土工程施工图纸绘制时经常遇到的问题，尤其是在道路桥梁工程领域。道路桥梁工程的施工图纸比较狭长，需要多人分幅协同完成，每个人的工作完成后需要将多幅施工图拼接。在扫描时，图纸的变形、位置的倾斜等问题导致图纸接边不能做到精确。引入 GIS 技术后，在每幅图上定义相同的坐标系，并在图幅内定义关键点的坐标，这样便很容易实现图幅拼接。如果是将多幅已有图件进行扫描矢量化，那么可以事先选好相邻扫描图的重合点，在 GIS 软件中实现扫描图件的图幅拼接，然后在 AutoCAD 中以拼接后的图件为底图进行矢量化，在良好解决问题的同时提供了 GIS 处理工程制图问题的思路。

## （三）土方量计算

在大型岩土工程设计中首先要估算施工的土石方工程量。土木工程中土石方量的常规计算方法是：首先，在工程区域的地面上布置合适间距的规则网格，实际测量每个网格的高程；其次，计算每个网格的设计高程与实际测量的高程差值，就是每个网格的填方和挖方的高度；最后，根据每个网格的面积与网格的填方和挖方高度，分别计算每个网格的填方和挖方并累加所有网格的填方和挖方，即土木工程中的土石方量。这种常规方法的工作程序相当烦琐。

在 GIS 环境中，土石方量计算工作变得相对容易。首先建立原始地形的数字高程模型（DEM），然后建立设计地形的数字高程模型，根据两个数字高程模型在 GIS 中进行地形空间分析，便能方便、快捷地计算出土石方量。

### 1. 数据采集

土木建筑工程中应用 GIS 进行填挖方计算，离不开数字高程模型。因此，需要采集填挖方计算范围内的地形数据，主要包括场地边界、现状地形和设计地形等数据。

（1）场地边界数据

场地边界就是土木工程中填挖方计算的边界，在 GIS 中用面状数据记录。场地边界的采集可以用测绘仪器实地采集，也可以使用已有图件的数据。

（2）现状地形数据

工作区域内填挖方之前的地形即为现状地形，地形数据可以采用测绘仪器实地采集，或者采用填挖方区域已有的地形数据。现状地形数据可以采用点状或线状数据记录。已有数据没有电子格式的，就需要将已有数据数字化。数字化可以借助手扶跟踪数字化仪或扫描数字化仪。

（3）设计地形数据

设计地形是填挖方区域内填挖方之后的地形，即土木施工之后的地形，是设计者按照工程要求设计的地形。设计地形数据同样可以采用点状或线状数据记录。设计地形数据的采集需要根据工程要求在 GIS 中将地形信息绘制出来。

2. 生成数字高程模型

应用数字高程模型计算填挖方量的中心思想是对比现状地形和设计地形的 DEM。具体的做法是将填挖方区域按一定的网格间距分割，比较现状地形和设计地形中对应网格的高程，网格的面积乘以高差即得每个网格的填挖方量，所有网格的填挖方量则是整个填挖方区域的填挖方量。网格的大小决定最终填挖方量的计算精度。网格越小，计算精度越高，因此计算填挖方量之前，需要根据现状地形和设计地形的高程数据分别制作 DEM。

3. 填挖方量计算

应用现状地形和设计地形的 DEM 计算填挖方区域的填挖方量，计算完毕后产生填挖方计算栅格数据。栅格数据的属性中记录了每个栅格单元的填挖方量（Volume 值），其中 Volume 值大于 0 的表示填方，小于 0 的表示挖方，等于 0 的表示不挖不填。在 GIS 软件中可以统计所有栅格单元的填挖方量，若统计结果大于 0，表示总填方量大于总挖方量；反之，则总填方量小于总挖方量。

## 三、管理设计与 GIS

### （一）辅助管理

GIS 管理空间数据和社会经济属性数据的强大功能，在大型土木工程的施工过程管理、建成的土木设施的日常管理中均可发挥重要作用。

1. 辅助施工管理及进度监控

现代大型土木工程施工过程越来越复杂，在整个施工过程中，需要处理的数据量大，施工周期较长。为了能及时了解工情、监督质量、安全、施工进度及施工现场调度，避免施工决策的失误，在一些大型土木工程施工过程中采用了基于 GIS 技术的决策支持系统、可视会议等新技术。

GIS 的空间数据管理及可视化技术，可以实现土木工程施工过程管理的信息化，满足管理中的图形查询及空间分析需求。以 GIS 技术和多媒体技术为支撑，可以开发土木工程管理决策支持系统。该系统可以模拟集成指挥中心，以土木工程施工区域的地形、地貌为背景数据，在可视化的 GIS 三维场景环境下，以多种形式（包括统计图表、数字、文字、图形、图像）为管理者或施工人员提供施工过程中各种动态、静态信息；还可以实现施工过程仿真、高度优化决策支持功能。GIS 技术在现代大型土木工程的施工过程管理中具有重要意义。

2. 土木设施管理和安全监测

已经建成的重要土木设施的有效管理和安全监测，是这些土木设施功能正常、安全发挥作用的有力保障。科学管理对于重要的土木设施来说意义非凡，要求管理人员能实时掌握管理对象的情况，并且能够在这些重要土木设施出现问题时及时作出应急反应，采取应急措施。目前，对大型土木设施（如高层建筑、大型桥梁隧道等）的健康监测活动都是基于单体建筑考虑的。这种安全监测对于单体建筑行之有效，但是不方便管理部门的集中管理。要想在城市或区域范围内或专门管理机构对多个重要土木设施进行集中实时监测，必须具备一个空间信息平台。

GIS 提供空间定位查询和显示技术，可以为大型土木设施及设施群的管理与安全监测提供良好的技术支持。应用 GIS 基础平台可以开发建立土木设施管理和安全监测系统。将摄像头或探测器与系统连接，可以直观地观察和监测土木设施的运行情况。对于出现问题的土木设施可以快速查询并定位需要应急处理的对象。GIS 在大型土木设施管理和安全监测中，可以将结构类型、设施环境（如地质环境、钻孔数据、振动源数据）、实时监测数据等大型土木建筑物单体数据输入 GIS 空间数据库，再利用系统集成其他分析模型如土动力学模型、结构动力学模型、波形分析模型等安全评估系统，建立大型土木设施管理信息系统，来管理并监测这些土木设施的安全。

### （二）道路设计

三维 GIS 对客观世界的地形起伏表达能给人以更真实的感受。在三维环境中空间对象的平面位置关系能清楚表达，垂向关系也能描述。随着数据库技术与虚拟现实技术的发展，加之用户需求的日益提高，三维 GIS 技术将成为促进土木工程中某些领域的发展有力的工具。

道路工程是土木工程中的一个重要方面。道路工程的前期设计在三维 GIS 环境中可以方便地进行。在三维 GIS 环境中的 DEM 上可以模拟选择道路线，并查询分析道路线经过地面的地形剖面。如果符合设计要求则定案，反之则按要求继续选线，直到最终的选线符合设计要求。根据选择的道路线，在三维 GIS 环境中的 DEM 上生成虚拟道路。在施工前可以预算修建此路需要开挖的土石方量，并进行缓冲区分析，叠合社会经济背景数据，统计修建此路需要拆迁和占用良田等工作带来的社会经济问题。

## 四、工程灾害监测与 GIS

土木工程建设过程中和建成后的防震减灾工作对国民经济的发展以及人民的生命财产安全非常重要。GIS 技术逐渐在土木工程的防震减灾中得到广泛应用。

### （一）地震危害性分析及损失评估

土木工程中防震减灾的重要方向是地震危害性分析和损失评估。地震危害性分析主要包括危险性和易损性分析。地震危害性分析需要处理大量的空间数据，因此 GIS 在地震危害性分析中有广阔的应用前景。在地震危害性分析结果的基础上集成社会经济数据，可以进行地震损失预测等评估工作。

国内外已有许多科研工作者和科研机构在研究将 GIS 技术应用于城市防震减灾工作，应用 GIS 技术可以识别或判断地震对桥梁高层建筑的危害性。在识别判断过程中，将建筑物所处区域的地理背景数据、建筑物地震危害性模型和地面运动力学衰减模型结合起来，还可以识别判断给定区域内建筑物在地震环境下的易损性。

以 GIS 作为空间统计工具，可以研究地震破坏和地震烈度在空间上的分布规律或特征。将城市建筑物基本数据储存于空间数据库，并在 GIS 系统中进行空间匹配，可以开发具有实用价值的城市建筑物地震损失快速评估系统，为防震减灾及应急决策提供方案。

GIS 技术在土木工程领域的防震减灾应用是否成功，关键在于空间数据、地震监测数据和社会经济数据的正确性、完备性和实时性是否能够得到有力保障。地震危害性分析及损失评估工作，需要建立在大量历史资料和实时实测数据的基础上，需要具备大量的样本性知识，使用这些知识构建的数学模型具有很强的经验性和不确定性。目前，土木工程界在分析这些数据或使用这些知识时通常采用人工智能系统。人工智能系统中以专家系统和神经网络为主。人工智能系统和 GIS 集成的优点在于，GIS 为人工智能系统提供推理时所需要的大量空间数据和社会经济数据，而人工智能系统可以保障空间数据的充分利用，为应急决策提供科学、合理的方案，从而保障 GIS 在防震减灾中的深入应用。

## （二）沉降监测

现行土木工程中的相关规范或标准规定，对于大型水库大坝或堤防及港口重要设施、高层或高耸建筑物、重要遗址或古建筑物、大型桥梁隧道等均应进行沉降监测。特别是在大型构筑物建设施工过程中需要进行沉降监测，加强施工过程中构筑物的监控并合理指导施工程序及过程。沉降监测可以预防土木工程在施工过程中因地面不均匀沉降造成建筑物主体破坏或产生裂缝，造成巨大的经济、财产和生命的损失。沉降监测可以实时采集数据，为施工管理部门提供决策依据。

　　传统的沉降监测,提供的成果大多是大量数据。如何将沉降监测成果和沉降观测点的布置以图形可视化的方式传递给决策者是非常重要的。GIS 技术强大的可视化功能可以完美地解决这个问题。在利用 GIS 开发的沉降监测系统中，可以将水准点的设置位置、沉降监测标志、大量实时采集的监测数据存储于 GIS 空间数据库。应用这些数据和 GIS 强大的制图功能，绘制水准点的平面位置图，可以计算每个观测点总沉降量和逐次沉降量，绘制每个监测点的沉降量、地基荷载与延续时间三者的关系曲线图。根据所有监测点的监测数据，在 GIS 中可以计算建筑物的平均沉降量,弯曲程度和倾斜程度,并可视化显示。在上述工作的基础上,系统可以自动编写沉降观测分析报告。在三维 GIS 技术的支持下，还可以将建筑物沉降监测的成果以三维形式输出，提供给施工人员或管理单位用以决策。

# 第三节　环境工程中 GIS 的应用

　　本节重点对 GIS 技术在水污染和大气污染控制中的应用做阐述，最后详细讲解 GIS 在生态环境监测信息系统中的应用。

## 一、概述

　　环境工程领域的环境保护与治理、环境污染监测、环境灾害监测和防治等，都需要处理大量的空间数据。GIS 的优势正是管理空间数据，通过空间分析获取空间信息。因此，对于环境工程领域的环境污染监测与控制、环境保护与污染治理等，GIS 可以起到非常重要的作用。

　　利用 GIS 技术可以将环境监测数据与地理背景空间数据建立关联，进行空间分析,输出各类专题地图,辅助环境保护与治理决策。GIS 在环境工程中的应用可以节省大量的人、财、物力等资源，快速、高效地获得高精度的成果。GIS 应用于环境工程领域，将有利于环境工程的信息化、现代化、自动化,提高环境工程研究成果的可视化程度。此外,利用 GIS 基础平台开发应用于环境工程领域的信息管理平台，需要打破行政管理界限，共享数据，使管理系统的应用和服务发挥最大的效益，为行政管理部门的环境决策提供科学依据。因此，GIS 对环境工程与科学的发展和环境监测、环境保护的实施具有深远的意义。

## 二、水体环境与 GIS

### （一）水污染控制

水污染控制是区域环境保护的重要组成部分，通过 GIS 对环境保护中的原始数据以及新生成的数据进行合理、规范的处理和管理，可提高这些数据的使用效率，更好地应用和服务于水污染的监测与防治。

水污染控制中，管理者需要许多统计图表和监测数据辅助决策。如何在计算机管理系统中对环境监测数据、基础地理数据和环境统计图表等进行统一管理、合理处理和空间分析，并共享这些数据和分析结果，是水污染控制的重要研究方向。而将 GIS 应用于水污染控制，上述问题便可迎刃而解。

1. 数据分类

将相关数据（主要包括社会经济规划数据、污染源及污染物基础数据、城市排污管网数据、水文条件数据、水质目标数据、水域流场及浓度场的空间分布数据、污染物允许排放量数据和需要削减量数据）进行分类，并输入 GIS 管理系统，便于后续查询、分析和统一管理。

2. 数据管理、查询和分析

数据分类输入 GIS 管理系统后，需要进行数据编辑和规范化处理，以便后续工作数据的存储管理、查询及分析。数据分类中属于空间数据的采用面向对象的图形形式表示和存储；属于非空间数据的社会经济数据或日常统计数据可以作为属性信息，使用与 GIS 兼容的商业数据库存储，如使用 Oracle、SQL Server 等数据库，以增强数据信息的可移植性。水污染信息控制系统中，大多数信息（如水体质量的空间分布、城市排污管网的空间布设信息等）都可采用矢量数据的形式进行存储和管理。国民经济统计数据、水文日常记录数据、污染物的种类及数量等可用商业关系型数据库存储。已经入库存储的特征数据，可以进行查询和空间分析。如查询某一功能区水域的水质分布、流场与浓度的叠加分析等。

3. 图表输出

水污染控制中应用 GIS 可以将空间信息和属性信息通过显示屏、打印机或绘图仪等设备输出，输出的信息可以是数字、图表以及数字和图表相结合的形式。可以输出水环境容量结果信息、排污口的分布以及允许排放量等，以供决策部门使用。

## （二）水体非点源污染

随着人们对环境问题的关注，非点源污染（NPS，又称面源污染）逐渐受到各国政府和环境保护部门的高度重视。水体非点源污染是相对于点源污染而言的另一种水环境污染类型。

水体非点源污染具有空间分布的特性，GIS 可为解决水体非点源污染空间分布问题提供有利工具，二者的结合成为必然。随着计算机和 GIS 技术的飞速发展，地理信息科学与技术在各种类型（包括水体）的非点源污染领域的研究更加深入、广泛。

水体非点源污染模型与水文循环过程、气象条件密切相关。由于流域水文信息具有空间分布特征，而非点源污染在空间和时间上也有一定的分布特性，因此，建立在水文基础模型上的分布式模型逐渐成为水体非点源污染模型的发展趋势。在构建分布式水文模型过程中，要输入复杂且繁多的过程参数以及大量的数据，这就让 GIS 在分布式非点源污染模型的研究和应用成为可能，使模型的实现、检验、校正变得更加容易。

1. 建立水体非点源污染空间数据库

在水体非点源污染应用研究中，最基础的工作就是构建水体非点源污染的空间数据库。此项内容工作量繁重，且会直接影响结果的可用性，主要考虑采用的数据精度高低以及空间数据库的质量如何。从数据源来看，基础数据包括地图、遥感影像、GPS 接收的数据、各种电子数据、照片、各种记录性文件等。在数据类型方面，要从空间数据和属性数据两大类来考虑。空间数据主要包括行政区划、气象气候、地形地貌、土壤、植被、土地利用等；属性数据主要包括实验数据、统计报表和野外实地调研数据等。空间数据库的构建主要经过图形数据管理、属性信息编码、数据分层、空间索引设计等步骤来完成。

水体非点源污染空间数据库的构建是应用水体非点源污染模型的前提和基础。由于国外对水体非点源污染模型的开发应用较早，因此应用GIS 建立水体非点源污染空间数据库也比较成熟和广泛。随着非点源污染模型的引入和应用，我国在这方面开展的工作也逐渐多起来。水体非点源污染空间数据库不是为建库而建库，而是为深入研究流域非点源污染问题提供基础数据平台。

2. 空间分析提取模型参数

借助 GIS 技术，对数据进行空间分析以及提取水体非点源污染模型的参数，已成为水体非点源污染的研究热点。这里涉及的空间分析功能主要包含缓冲区分析、数字地形分析、栅格空间分析、水文分析、叠合分析、地学分析等。缓冲区分析在考虑植被类型、土壤类型、地形等相关因素的基础上，可利用 GIS 技术划定河流沿岸缓冲区。将生成的中间数据缓冲区结果与其他数据层进行叠合分析，判断并识别受污染源影响的因素和影响水源保护的因素。数字地形因子分析结合 GIS 技术，多用于获取坡度、坡向、坡长等地形空间参数以及相关的属性参数，以满足水体非点源污染模型的研究所需。栅格空间分析运用于分布式的非点源污染模型时，主要进行网格单元的划分和栅格运算。具体操作为：①网格单元的划分，可以依据数据分析的精度、流域大小及流域内的土壤信息、土地利用分类信息、地形特点等信息来划分；②基于网格单元的划分结果，对不同栅格图层进行运算。插值运算在非点源污染中的应用主要是将点数据转换为面数据，以点代面，生成新的数据。如借助 GIS 平台，将气象站的雨量信息和数字高程模型（DEM）经空间插值运算后，划分出子流域，进而获取子流域面积、地形数据、河道等相关信息。

3.GIS 与水体非点源污染模型的集成

水体非点源污染模型可以从定量的角度描述或再现水域系统的污染过程，分析非点源污染物排放的时间以及在水域系统内的空间分布规律，标识污染物主要来源的空间位置以及传播的途径，估算非点源污染负荷，并对负荷及其对水体的影响进行预测、预警和评价，为水域规划、管理和保护提供决策依据。

对于水体非点源污染的研究，各个过程会用到很多空间参数，需要考虑不同的流域范围以及研究区地理空间的背景条件。3S 技术可以方便地采集、管理和分析这些空间数据。充分利用这些空间数据，将 GIS 和非点源污染模型二者集成，更有利于复杂污染水体机理过程的正确表述。因此，GIS 与水体非点源污染模型的集成，是水体非点源污染研究的必然趋势。

### （三）水质模型

在研究水体的污染状况、水体的自净水平，以及如何解决水体水质的预测问题时，一般都采用水质模型法，以实现水体水质变化规律的定量化描述。水质模型的模拟对象是具有空间分布特征的河流水域，用数学语言和手段模拟水体水质的物理、化学和生物过程的内在规律。为了提高水质模型的预测预报成果的可视化水平和实用性、易用性，水质模型与 GIS 技术的集成逐渐成为该项研究的趋势。

水质模型中应用 GIS 技术的目的在于利用 GIS 先进的空间数据管理功能和空间分析能力，将区域水环境质量与地理空间数据等集合在一起，通过水体水质内在的迁移规律，对其进行综合分析，为区域水污染防治方案提供可操作的决策支持。

1. 空间数据库的建立

空间数据库的建立，主要采集基础地理背景数据，用来制作地图。这些空间数据包括行政边界、水域、居民用地、建筑物、道路、湖泊和植被等地理要素数据。

水环境属性数据的建立，主要收集与水环境相关的属性信息。这些属性数据主要包括：①采集水环境质量监视监测数据，采集方式可以是断面、垂线、监测点；②根据水环境质量划分的各种功能区的属性数据等。水环境属性数据最终为绘制各种水环境专题图服务。

水环境图形数据与水环境属性文本数据的关系建立，主要是采集和编辑水环境图形和属性文本数据的关系，并在数据库中存储这些关系数据。存储这种关系数据需要在数据库中建立关键字段，使空间数据与水环境属性数据能对应起来。

2. 水质模型的建立

建立模型的步骤为：

（1）水污染控制单元划分。为了能够很好地控制水质，并考虑实际管理的需要，应选取合理的水质控制点，并划分相应的水污染控制单元。

（2）相关参数确定。在使用水质模型时，需要确定相关参数，主要包括污染物综合降解系数、河段平均流速和背景浓度等。

（3）水质模型与 GIS 集成。水质模型建立的过程中需要和 GIS 集成，使水质模型的数学计算结果能利用 GIS 高效的管理和分析功能。

3. 模拟结果的显示与查询

水体质量的动态变化信息和水体实时情况都可通过水质模型的模拟结果进行动态显示。GIS 可以为整个显示过程提供逼真的三维场景，用户可以直观地浏览水体水质变化的全过程。

若要查询实时水体质量信息以及通过浏览器查询和访问各类数据库的服务器，可以通过水质模型的模拟结果来实现。通过直观的折线图、条状图等形式表达，可查询和分析企业排污量对水体水质的影响。

# 三、大气环境与 GIS

受到污染的大气会通过各种方式破坏生态环境，威胁人类的健康。大气模型是评估污染源对大气环境潜在影响的有效手段，更是评价危害物泄漏事故对大气环境影响的最好方法。

在大气模型的发展过程中，GIS 技术逐渐被大量应用。GIS 主要用于空间数据管理、可视化等工作中。随着技术的发展，二者呈现出融合趋势。研究结果表明，人们在进行大气污染对人类健康及其生存环境的影响评价时，GIS 已成为主要的关键技术之一。如大气环境分析中的区域影响分析、人口影响分析、基础设施分布、各种影响的叠合分析、三维显示等都需要 GIS 技术的支持。

## （一）大气污染控制管理

大气环境保护是许多国家或大城市非常重视的工作，开展了大气污染综合防治、控制管理和总量规划等研究。大气污染问题和地理空间位置密切相关。传统的数据库已不能满足大气环境管理中数据存储、管理和分析工作的需要。将 GIS 应用于大气环境防治中可以很好地解决这些问题。

1. 空间数据输入

在大气环境控制管理过程中引入 GIS 技术，可以通过屏幕输入、扫描数字化或数字化仪等方式输入采集的基础地理空间数据，作为底图。为了便于日后输出地图，需要通过计算比例关系，将输入数据的图标分为常用图标、专用图标、单线、双线和字符等。

2. 属性数据管理

属性数据主要是大气污染源的属性数据。借助 GIS 技术，选择常用的关系型数据库，将大气污染源的属性数据进行存储和管理，便于与有关环境保护部门现有的数据库衔接。

3. 控制管理

大气污染信息管理可以实现污染程度查询、污染排放源管理、优化管理方案、大气污染单位管理和大气污染图形输出等。

（1）大气污染程度查询分为空间查询和属性查询。可以查询监测站监测的年变化，或比较监测站之间的记录数据，也可以查询每个网格单元的污染物浓度超标的污染源贡献率。查询结果可以以数字或等值线图的方式表示污染物浓度的空间分布。

（2）污染排放源管理可以实现通过污染源的地理位置或编号查询单个污染源的属性记录，包括面源、排放量、削减量和允许排放量，都是以网格"填充"形式表现的。

（3）方案的选择、分布与消减、预测污染等都可在大气污染的优化管理方案中体现。

（4）原有单位和新建单位的管理、单位污染数据的输入以及环境影响评价和排污许可的管理等，都可通过大气污染单位管理来实现。

（5）大气污染图形输出中可以实现图形、报表等的输出，提供给管理部门决定污染排放单位是否建设或停产。

## （二）大气污染扩散空间分析

大气扩散模型是研究大气污染传播的重要手段。大气污染扩散以及扩散后的损失评估需要处理大量的空间数据。在很多情况下，大气污染扩散研究需要引入 GIS 技术来处理空间数据。大气扩散模型不同，输入和输出的参数也会有差异，进而影响分析过程的复杂程度。目前，将大气污染扩散模型与 GIS 无缝集成，是大气污染扩散的重点研究方向。

### 1. 大气扩散模式的建立

大气扩散模式的建立对于研究大气环境污染非常重要。在研究大气污染防治时，首先需要建立污染物在大气中的扩散模式。大气中的污染源主要分为四类，即点源、线源、面源和体源。不同的污染源在大气中的扩散模式不同。目前，国内外虽有很多研究，但是污染源的大气扩散模式受很多因素制约，因此污染源的大气扩散模式有很大的研究空间。

### 2. 数据输入与管理

在大气污染扩散中引入 GIS 技术，可以编辑、输入和管理污染源、浓度空间分布、基础地理背景等数据。在 GIS 技术支持下，还可以直观地以图形方式查询和显示各污染源的污染状况及地理位置。

### 3. 数据库设计

大气污染扩散分析中使用的各污染源空间数据、属性数据、气象数据、模型控制参数、基础地理数据和属性数据等数据量庞大，需要建立一个统一的数据库进行存储，并且可以进行增、删、改等操作。

### 4. 空间分析

可应用建立的大气扩散模式分析污染物的扩散范围。经大气污染扩散模型计算，所得结果为一些离散点的大气污染物浓度值数据。为便于这些数据在 GIS 平台上进行空间分析，需要把这些离散点的数据数字化为等值线或分级等值图。

等值线便于对某一特定大气污染物浓度值空间分布进行分析，分级等值图便于对处于某一大气污染物浓度级的范围区域进行空间分析。无论数字化为等值线还是分级等值图，都需要对计算结果的离散点进行空间插值运算。

通过 GIS 空间插值运算，即可绘制大气环境的浓度预测图、大气环境质量图和大气污染源的浓度贡献图。

5. 输出

空间分析获得的结果图可以通过 GIS 图形处理的功能，以图形、图像、报表等形式输出，提供给大气环境管理部门辅助决策。

## 四、生态环境与 GIS

随着生态环境的逐渐恶化，有关部门纷纷提出，要大力保护和改善生态环境的安全，同时要满足生态环境的可持续发展。生态环境保护和监测引入 GIS 技术，可以研制集生态环境信息管理、数据库管理、生态环境各要素的实时监测、时空查询分析等多功能为一体的生态环境监测信息系统，可以满足实时动态、分时段监测、查询和分析的要求。

### （一）系统开发基础

1. 技术基础

系统开发可以选择可视化面向对象的多种开发语言（VB、VC、C# 和 Java）。地理信息基础平台可以选择国内外多种商业化的 GIS 二次开发平台。考虑到数据兼容性和软件功能，以及二次开发平台提供的开发工具易用性、灵活性和可移植性，可以选择 ArcGIS 软件提供的 ArcEngine 进行开发。通过操作其属性、方法和事件，包括属性数据和元数据，体现其强大的空间图形、属性和图像的数据管理功能；实现对地图进行查询检索、修改属性数据等功能。运用的控件主要包括 MapControl、GlobeControl、TOCControl 和 ToolbarControl。

2. 数据基础

系统开发需要准备的基础数据包括研究区的数字化专题地图、卫星遥感图像，以及实时的水文、气象、土壤和植被等数据，由此建立研究区生态环境信息数据库。除此之外，该数据库中还需要包括多年积累的研究区水文、气象、地质、地貌、土壤、植被和社会经济等的文本资料。这些数据还需要具备一个共同的特征，就是统一的标准数据格式。

## （二）详细设计

### 1. 信息管理系统

借助地理信息科学与技术，结合现代多媒体技术，将研究区的生态环境、空间要素和社会经济等信息进行数字化存储管理，并且以大量的空间数据和文字信息的方式形象、直观地反映研究区的地质、地貌、气候、土壤、植被、水文、土地利用现状等。

### 2. 实时监测系统

运用 GIS 对研究区的水文、气象、土壤、植被等要素的实时数据进行录入和实时显示，能动态、实时、准确地以文本、图表等形式显示和打印输出数据以及分析结果。此外，利用 GIS 技术和遥感技术将最新遥感图像和不同时期的图像进行叠加，以直观的形式将研究区水系、土壤、植被类型的变化情况表现出来。实时监测系统主要包括水文实时监测、气象实时监测、植被实时监测和土壤实时监测等。

（1）水文实时监测。该功能模块提供水文最新数据录入窗口，用户可以随时输入最新的水文数据，并且结合多年积累的研究区水文资料，根据用户选择的水文观测站和生态观测站、监测方式和内容，将水文的变化情况直观地以图表形式显示出来，或以文本方式对其进行总结描述，使用户对研究区的水情变化及趋势有一个全面、细致的了解。此模块主要为研究区的防洪、配水决策支持提供参考。

（2）气象实时监测。该功能模块提供最新气象数据录入的窗口，用户可以随时输入最新气象数据。结合多年积累的研究区气象资料，根据用户选择的气象站、监测方式和内容，对其进行对比分析，将气候变化情况直观地以图表的形式显示出来，或以文本方式对其进行总结描述，使用户对研究区的气候演变情况及其趋势有一个全面、细致的了解。此模块主要为分析研究区气象演变规律而设计。

（3）植被实时监测。该功能模块主要应用研究区实时的航空航天遥感影像与多年积累的航空航天遥感影像资料进行对比，对研究区植被类型的演变情况进行动态监测。具体表现为，用户可以根据需要将研究区不同年份的植被类型分布图叠加，可以对植被变化情况进行直观、准确的分析和图形输出。此外，还可以输出文本的方式获得详细分析结果，如某种植被类型的面积年变化量或变化率。

（4）土壤实时监测。该功能模块主要将研究区实时获取的土壤类型与研究区多年积累的土壤资料进行对比，动态监测土壤类型的演变情况。具体表现为，将研究区不同年份的土壤类型分布图叠加，分析土壤类型、土壤成分和土地利用类型及面积等的变化，以图形和文本的方式进行直观、准确地表示。如某种类型土壤的养分、土地利用类型及面积的年变化量或变化率。

3. 查询分析系统

依据研究区域的空间要素、区域生态环境等信息，此系统可查询分析研究区的各个环境要素，且直观反映分析结果。

（1）空间要素查询。该模块功能主要实现根据用户点选的地物要素，获得该图元的属性，或根据用户双击所选择的区域，获得该地区的详细图形。还可利用生态环境信息数据库中现有的资料，点选某生态环境区划的相关资料，可以显示该区域最新的生态环境遥感监测图像资料。遥感监测资料的更新通过对数据库的更新来完成。经过遥感影像的解译操作和处理后的结果对比分析，可提取出研究区的各种生态环境因子信息以及生态环境现状情况，进而对生态环境的好坏做出适当的评价，也可提出相关的保护措施。

（2）生态环境查询。该模块依据用户选择的水情、气象、土壤、植被等生态环境因子，对生态环境现状与变化情况进行查询。

（3）水情查询。将研究历年有水情的遥感图像资料存储在后台数据库中，点选生态环境要素，查询某时间段的记录情况，并且显示此时间段的水情遥感信息资料。通过多年资料的相互比较，来了解和分析研究区的水情演化趋势和亟待解决的问题。

（4）气象查询。影响研究区生态环境的气象因素主要是研究区的降雨量和蒸发量。根据用户点选的生态环境要素，查询气象遥感资料，即可看到研究区在某个时间段的气象变化情况和现状。通过比较降雨量和蒸发量的专题地图，直观地推算出历年研究区的水量供求和平衡关系。

（5）土壤查询。可以利用土壤专题地图中图斑的颜色来判断土壤类型。这些专题地图也存储在后台数据库中。根据用户选择的环境要素在研究区查询。通过新旧资料的对比，直观地分析研究区土壤类型的变化和荒漠化的面积。

（6）植被查询。植被可以直观地反映研究区生态环境发展变化的综合情况，与水情、气象、土壤等多个要素密不可分。通过植被查询可以获得植被专题地图，对比分析可以看出生态环境的明显变化。

（7）生态环境分析。通过叠加分析水文、气象、植被和土壤的现状地图和历史地图，综合反映出研究区生态环境的变化情况及变化规律。

（8）分析结果查询。将研究区的遥感资料分成不同区域，将同一区域不同时间的遥感影像资料进行叠合分析，形成差值图，并存储在后台数据库中，或者将生态环境空间分析生成的差值图（水情、气象、土壤和植被）存储在后台数据库，可以点选不同要素查询分析结果。

## （三）数据库管理系统设计

数据库管理是生态环境监测信息系统的基础，负责对系统所涉及的数据和信息进行统一、有效的管理，并与其他子系统建立相应的关联，以实现数据资料的共享。

### 1. 图形库管理

图形库主要管理基本图和专题图的图形数据。基本图主要包括分区地形图、DEM 等，专题图主要包括水文、气候、地质、地貌、土壤、植被分布、等水线、等径流深、等蒸发量线和土地利用图等。这两类图的数据量大，信息准确度高，极具参考价值。

### 2. 属性数据库管理

数据库中存储大量的文字信息以及图形对应的属性信息。用户可以根据需要随时任意添加或修改数据信息，数据录入、修改、编辑灵活简便。

## （四）系统实现

系统实现可以采用 Visual Basic、Visual C++、C# 等可视化开发语言，结合 GIS 基础平台软件 ArcGIS 的内核 ArcEngine 或者 MapInfo 的 MapX 控件进行二次开发。数据库可以采用商业软件 SQL Server、Oracle 等，并通过数据库引擎技术 ArcSDE 和 DAO 技术提取数据，实现生态环境监测信息系统中 GIS 的应用，满足用户空间数据处理、时空分析及可视化工作的需求。

# 第四章 数字测图技术

## 第一节 数字测图概述

### 一、数字测图的概念及特点

#### （一）数字测图的概念

地图是对客观存在的特征和变化规则的一种科学概括与抽象。早期的地图是一种古老的、精确表达地表现象的方式，是记录和传达关于自然界、社会和人文的位置与空间特性信息卓越的工具。它对人类社会发展的作用如同语言、文字一样，具有非常重要的意义和价值。与早期用半符号、半写景的方法来表示和描述地形的古代地图相比，现代地图按照一定的数学法则、符号系统概括地将地面上各种自然和社会现象表示在平面上，具有可量测性的优势。

20世纪80年代之前，我国大比例尺地形图的测绘一直采用手工白纸测图的方式。它是利用小平板仪、大平板仪、光学经纬仪、电子经纬仪等仪器，配合视距尺、皮尺、电子测距仪、图板、量角器、比例尺、函数计算器等工具，根据角度、距离等测量数据，在白纸或聚酯薄膜上按一定的图式符号绘制地物、地貌的一种模拟测图方法。

手工白纸测图的实质是图解法测图。在测图过程中，展点、绘图及图纸伸缩变形等因素的影响使得测图精度较低，加上工序多、劳动强度大、修测和补测不方便等因素，使其难以适应信息时代经济建设的需要。

20世纪80年代末至90年代初，随着电子技术和计算机技术的发展及其在测绘领域的广泛应用，全站型电子速测仪等新型测量设备逐渐投入应用并普及。在当时国内大比例尺地形图测绘生产中，出现了全站仪和数字测图软件，并逐步形成了从野外数据采集到内业成图全过程数字化和自动化的测量制图系统，人们通常称这种测图方式为数字化测图，简称数字测图或机助成图。

数字测图的实质是一种全解析机助测图方法，其成果是数字化的地图。其基本思想是将采集的各种地物、地貌信息转化为数字形式，通过数据接口传输给计算机进行处理，得到内容丰富的电子地图，需要时由计算机的图形输出设备（如显示器、绘图仪）绘出地形图或各种专题地图。数字测图技术的出现，在地形图测绘发展过程中是一项重大的技术变革，它从根本上改变了传统的模拟测图方式，极大地推动了地形图测绘技术的发展。

除上述方式外，广义的数字测图还包括：利用全站仪或 GNSS RTK等其他测量仪器进行野外数据采集，用数字成图软件进行内业；用无人机采集地面航测相片，用航测软件绘制地形图；卫星或飞机搭载遥感设备对地面进行遥感测图；利用 GNSS RTK 配合测深仪进行水下地形数字测图；利用扫描仪对纸质地形图进行扫描，用软件对图形进行数字化等。

## （二）数字测图的特点

传统的大比例尺白纸测图被数字测图所取代，是因为数字测图具有以下优势和特点。

### 1. 点位精度高

传统的经纬仪配合平板、量角器的图解测图方法，其地物点的平面位置误差主要受展绘误差和测定误差、测定地物点的视距误差和方向误差、地形图上地物点的刺点误差等影响。实际的图上误差可达 ±0.47 mm。经纬仪视距法测定地形点高程时，即使在较平坦地区（0°～6°）视距为150 m，地形点高程测定误差也达 ±0.06 m，而且随着倾斜角的增大，高程测定误差会急剧增加。如在 1∶500 的地籍测量中，测绘房屋要用皮尺或钢尺量距并配合坐标法展点。普及红外测距仪和电子速测仪后，虽然测距和测角的精度大大提高，但是沿用白纸测图的方法绘制的地形图体现不出仪器精度的提高。也就是说，无论怎样提高测距和测角的精度，图解地形图的精度变化不大。这就是白纸测图致命的弱点。而数字化测图则不同，测定地物点的误差在距离 450 m 内为 ±22 mm，测定地形点的高程误差在 450 m 内为 ±21 mm。若距离在 300 m 以内时测定地物点误差为 ±15 mm，测定地形点高程误差为 ±18 mm。电子速测仪的测量数据作为电子信息可以自动传输、记录、存储、处理和成图。在全过程中原始数据的精度毫无损失，从而获得高精度（与仪器测量同精度）的测量成果。数字地形图很好地反映了外业测量的高精度，也很好地体现了仪器发展更新、精度提高的科技进步的价值。

### 2. 改进作业方式

传统的方式主要是手工操作、外业人工记录、人工绘制地形图；使用图纸时在图上人工量算坐标、距离和面积等。数字测图则使野外测量实现了自动记录、自动解算处理、自动成图，并且提供了方便使用的数字地图软件。数字测图自动化的程度高，出错（读错，记错，展错）概率小，能自动提取坐标、距离、方位和面积等。绘制的地形图精确、规范、美观。

### 3. 便于图件成果的更新

城镇的发展加速了城镇建筑物和结构的变化，采用地面数字测图能克服大比例尺白纸测图连续更新的困难。数字测图的成果是以点的定位信息和绘图信息存入计算机，实地房屋在改建、扩建、变更地籍或房产时，只需要输入变化信息的坐标、代码，经过数据处理即可方便地做到更新和修改，始终保持图面整体的可靠性和现势性。

### 4. 避免因图纸伸缩带来的各种误差

传统的测绘方式将地图信息记载到图纸上，随着时间的推移，图纸会在使用、保存的过程中出现变形，从而使地图信息产生误差。数字测图的成果以数字信息保存，能够使测图、用图的精度保持一致，无一点损失，避免了对图纸的依赖性。

### 5. 能以各种形式输出成果

计算机与显示器、打印机联机时，可以显示或打印各种需要的资料信息。与绘图仪联机，可以绘制出各种比例尺的地形图、专题图，以满足不同用户的需要。

6. 方便成果的深加工利用

数字测图分层存放，可使地面信息无限存放，不受图面负载量的限制，从而便于成果的深加工利用，拓宽了测绘工作的服务面。比如早期 CASS 软件总共定义 26 个层（用户还可根据需要定义新层）。房屋、电力线、铁路、植被、道路、水系、地貌等均存于不同的层中，通过关闭层、打开层等操作来提取相关信息，便可方便地得到所需的测区内各类专题图、综合图，如路网图、电网图、管线图、地形图等。又如在数字地籍图的基础上，可以综合相关内容补充加工成不同用户所需要的城市规划用图、城市建设用图、房地产图以及各种管理的用图和工程用图。

7. 可作为 GIS 的重要信息源

地理信息系统（GIS）具有方便的信息查询检索功能、空间分析功能以及辅助决策功能。在国民经济、办公自动化及人们日常生活中都有广泛的应用。然而，要建立一个 GIS，花在数据采集上的时间和精力约占整个工作的 80%。GIS 要发挥辅助决策的作用，需要现势性强的地理信息资料。数字测图能提供现势性强的地理基础信息，经过一定的格式转换，其成果可直接进入并更新 GIS 数据库。一个好的数字测图系统应该是 GIS 的一个子系统。

## 二、数字测图技术的发展

### （一）数字测图的发展历程

20 世纪 50 年代，美国国防部制图局开始研究制图自动化问题，即将地图资料转换成计算机可读的形式，并由计算机处理、存储，继而自动绘制地形图。这一研究同时也推动了制图自动化全套设备的研制，包括各种数字化仪、扫描仪、数控绘图仪以及各类计算机接口技术等。

20 世纪 70 年代，制图自动化已形成规模生产，美国、加拿大及欧洲各国建立了自动制图系统，其测绘部门均有自动制图技术的应用。当时的自动制图主要包括数字化仪、扫描仪、计算机及显示系统 4 个部分。当一幅地形图数字化后，由绘图仪在透明塑料片上回放出地图，与原始地图叠置，检查数字化过程中产生的错误并加以修正，得到最终结果。

20 世纪 80 年代，全站型电子速测仪的迅猛发展，加速了数字测图的研究与应用，如 20 世纪 80 年代后期，国际上有了较为先进的用全站仪采集，电子手簿记录、成图的数字测图系统。数字摄影测量的发展为数字测图提供各种数字化产品，如数字地形图、专题图、数字地面模型等。

20 世纪 90 年代，RTK 实时动态定位技术（载波相位差分技术）在测绘大比例尺地形图中的运用越来越成熟，逐渐成为开阔地区地面数字测图的主要方法之一。

近年来，在数字测图过程中，测量技术人员已实现了全站仪与 GNSS RTK 技术的有机结合，甚至出现了两者合并为一体的超站仪。众所周知，GNSS 具有定位精度高、作业效率高、不需点间通视等突出优点。实时动态定位技术（RTK）能使测定一个点的时间缩短为几秒钟，而定位精度可达厘米级，作业效率与全站仪采集数据相比可提高 1 倍以上。但是在建筑物密集地区，由于障碍物的遮挡，容易造成卫星失锁现象，使 RTK 作业模式失效，此时可以全站仪作为补充。RTK 与全站仪联合作业模式，是指测图作业时，对于开阔地区以及便于 RTK 定位作业的地物（如道路、河流、地下管线检修井等）采用 RTK 技术进行数据采集，对于隐蔽地区及不便于 RTK 定位的地物（如电杆、楼房角等），则利用 RTK 快速建立图根点，用全站仪进行碎部点的数据采集。这样既免去了常规的图根导线测量工作，同时也有效地控制了误差的积累，提高了全站仪测定碎部点的精度。最后将两种仪器采集的数据整合，形成完整的地形图数据文件，在相应软件的支持下，完成地形图（地籍图、管线图等）的编辑整饰工作。该作业模式的最大特点是在保证作业精度的前提下，极大地提高了作业效率。

此外，网络 RTK 在数字地形测量中已得到非常广泛的应用。早期的 RTK 测图，常规测量时都是架设自己的一个基准站，然后向多个流动站发送差分数据，进行数据采集。但是这种作业模式使得当基准站和流动站的距离增长之后（尤其是 > 15 km 时），其精度的可靠性大大降低。为了提高精度，当面积较大时，就需要反复多次建立基准站，完成测图等工作。连续运行卫星定位服务系统（CORS）网络 RTK 的出现就可以克服常规 RTK 的缺点，大大扩展 RTK 的作业范围（RTK 流动站和基站之间的距离可达 70 km 以上），使 GNSS 的应用更加广泛，精度和可靠性进一步提高。在网络 RTK 解算中，各固定基准站不直接向移动用户发送任何改正信息，而是将所有的原始数据通过数据通信线发给数据控制中心，由数据控制中心对各基准站的观测数据进行完整性检查。同时，网络 RTK 用户在工作前，通过网络或者移动通信先向数据控制中心发送一个概略坐标，申请获取各项改正数据。数据控制中心收到这个位置信息后，根据用户位置自动选择最佳的一组固定基准站，整体改正轨道误差，以及电离层、对流层和大气折射引起的误差，然后将高精度的差分信号发给网络 RTK 用户。目前我国的 CORS 网络在各个省市都具有一定的规模，网络 RTK 在数字测图工作中也发挥着越来越重要的作用。

## （二）数字测图的发展趋势

随着测绘科学技术水平的不断提高，全野外数字测图技术或许将在以下方面得到较快发展。

### 1. 数字测图系统的高度集成化

大比例尺数字测图的美好未来发展创造需求，需求指引发展，测图系统的集成是必然趋势。GNSS 和全站仪相结合的新型全站仪已被用于多种测量工作，掌上电脑和全站仪的结合或者全站仪自身的功能不断完善，若全站仪的无反射镜测量技术进一步发展，精度达到测量标准要求，那么测量工作只需携带一台新型全站仪和一个三脚架，而操作员也只需一人。展望未来，随着科技的进一步发展，将来的大比例尺测图系统将没有全站仪和三脚架，只是操作员的工作帽上安着 GNSS 接收器以及激光发射和接收器，用于测距和测角，眼前搭小巧的照准镜，手中拿着带握柄的掌上电脑处理数据、显示图形，腰上别着的无线数据传输器将测得的数据实时传回测量中心，测量中心则收集各个测区的测量数据，生成整体大比例尺地形数据库。

### 2.GIS 前端数据采集

随着地理信息系统的不断发展，GIS 的空间分析功能将不断增强和完善，数字测图技术作为 GIS 的前端数据采集系统，必须更好地满足 GIS 对基础地理信息的要求。地形图不再是简单的点、线、面的组合，而是空间数据与属性数据的集合。野外数据采集时,不仅仅是采集空间数据,还必须采集相应的属性数据。目前,在生产中所用的各种数字测图系统,大多只是简单的地形、地籍成图软件,很难作为一种 GIS 数据前端采集系统,造成了前期数据采集与后期 GIS 系统构建工作的脱节,使得 GIS 构建工作复杂化。因此,规范化的数字测图系统(包括科学的编码体系、标准的数据格式、统一的分层标准和完善的数据转换、交换功能)将会受到作业单位的普遍重视。

3. 三维激光扫描仪测绘地形图的深入应用

三维激光扫描仪是通过激光测距原理可瞬时测得 360° 全方位的空间三维坐标值的测量仪器。利用三维激光扫描技术获取的空间点三维云数据,既可以进行地形图测量,又可以直接进行三维建模。由于三维激光扫描仪获取的三维数据量很大,若要获得大比例尺地形图,其作业流程就要包括外业数据采集、点云数据配准、地物的提取与绘制、非地貌数据的剔除、等高线的生成、地物与地貌的叠加编辑等几个步骤。该仪器工作设站的灵活性,使野外数据采集变得更为方便快捷,在将来的测绘工作中,野外工作人员的工作会更加轻松、简单,地形图的绘制速度也会大大提高。该仪器目前已经成功应用于城市建筑测量、地形测绘、变形监测、隧道工程、桥梁改建等领域。三维激光扫描仪在地形测量中已得到了一定的应用,相信这项技术在数字测图方面将会有更大的发展空间和更好的应用前景。

4. 无人机低空数字摄影测量在大比例尺数字测图中的应用

近年来,无人机广泛应用于航空摄影测量。它的机动快速,操作简单,能获取高分辨率航空影像,影像制作周期短、效率高等特点,在应急测绘、困难地区测绘、小城镇测绘、重大工程测绘、自然灾害监测等领域得到了充分体现。相信随着无人机技术、航测数据处理技术和计算机技术的不断发展,无人机低空数字摄影测量会广泛应用到数字地形图测绘工作当中,并逐步成为大比例尺地形测图的一种重要手段。

纵观数字测图的发展历程,我们经历了从手工作业到自动成图的漫长演变,我们也正在迎接从接触式测绘到非接触式测绘、从"点"的测绘到"点云"测绘的变革洗礼。相信通过广大测绘工作者的不断努力,测绘新理论、新技术将会为数字测图技术注入新的生命力和更多创新的元素。

# 第二节　数字测图的工作步骤

## 一、数字测图的基本工作流程

大比例尺数字测图的比例尺一般为 1∶500、1∶1 000 和 1∶2 000，通常指利用全站仪或 GNSS RTK 进行地面数字测图，下面介绍利用全站仪或 RTK 进行数字测图的基本过程。

### （一）收集资料及测区踏勘

根据测图任务书或合同书，确定测图范围，收集测区内人文、交通、控制点、植被等信息。进行测区踏勘，分析测区测图难易程度、控制点可利用情况等，为技术设计做准备。

### （二）技术设计

技术设计是数字测图的基本工作，在测图前对整个测图工作做出合理的设计和安排，可以保证数字测图工作的正常实施。技术设计，就是根据测图比例尺、测图面积和测图方法以及用图单位的具体要求，结合测区的自然地理条件和本单位的仪器设备、技术力量及资金等情况，灵活运用测绘学的有关理论和方法，制定技术上可行、经济上合理的技术方案、作业方法和施测计划，并将其编写成数字测图的技术设计书。

### （三）控制测量

所有的测量工作必须遵循"由整体到局部，先控制后碎部，从高级到低级"的原则，大比例尺数字测图也不例外。控制测量包括平面控制测量和高程控制测量两个方面，主要步骤为先在测区范围内建立高等级的控制网，其布点密度、采用仪器与测量方法、控制点精度需满足技术设计的要求；然后在高等级控制网的基础上布设加密控制网和图根控制网。控制网的等级和密度根据测图范围大小及测图比例尺等因素确定。

## （四）碎部测量

全站仪和 GNSS RTK 的定位精度较高，是长期以来大比例尺数字测图碎部测量的主要仪器，所以我们主要采用全站仪或 GNSS RTK 进行野外碎部测量。操作时实地测定地形特征点的平面位置和高程，将这些点位信息自动存储在仪器存储卡或电子手簿中。草图法测图时记录的内容主要包括点号、平面坐标、高程，并手工绘制草图表达地物的类别、属性以及点与点之间的连接关系；编码法测图记录的内容包括点号、简编码、平面坐标、高程等。

## （五）数字地形图的绘制

内业成图是数字测图过程的中心环节，它直接影响最后输出地形图的质量和数字地形图在数据库中的管理。内业成图是通过相应的软件来完成的，比如南方 CASS、清华三维等软件。这些软件主要包括文件操作、图形显示、展绘碎部点、地物绘制、等高线绘制、地物编辑、文字编辑、分幅编号、图幅整饰、图形输出、地形图应用等功能。

## （六）数字地形图的检查验收

测绘产品的检查验收是生产过程必不可少的环节，是对测绘产品质量的评价，是测绘产品的质量的保证。为了控制测绘产品的质量，测绘工作者必须具有较高的质量意识和管理才能。因此，完成数字地形图后也必须做好检查验收和质量评定工作。

## （七）技术总结

测区工作结束后，根据任务的要求和完成情况来编写技术总结。通过对整个测图任务的各个步骤及工作完成情况认真分析研究并加以总结，为今后的数字测图项目积累经验。

# 二、测图前的准备工作

要顺利完成某一测区的数字测图任务，必须做好充分的准备工作，包括人员安排、仪器工具的选择、仪器检验、测区踏勘、已有成果资料收集等，根据工作量大小、人员情况和仪器情况拟订作业计划，并编写数字测图技术设计书来指导数字测图工作,确保数字测图工作有序开展。

## （一）人员组织

测图方法不同,人员组织也不一样。通常人员组织主要安排两方面的内容:一是一个小组的人员配备;二是根据测区大小和总的任务量确定配备多少个小组。

目前的全野外数字测图实际作业,按照数据记录方式的不同,主要分为绘制观测草图作业模式、碎部点编码作业模式和电子平板作业模式。

草图法测图时,作业人员一般配置为:每个小组观测员1人,领尺员1人,跑尺员1～3人,所以每个小组至少3人。领尺员是小组核心成员,负责画草图和内业成图。跑尺员的多少与小组测量人员的操作熟练程度有关,操作比较熟练时,跑尺人员可以2～3人。一般外业观测1天,内业处理1天。或者白天外业观测,晚上完成内业成图处理。

编码法测图时,每个小组最少为2人,观测员1人,跑尺员1人,操作非常熟练时也可以增加跑尺人员的数量。目前生产单位多采用自己开发的数字测图软件测图,采集数据时由全站仪观测人员输入自主开发的编码,不需要绘制草图。内业成图时,计算机根据编码自动绘图。

电子平板法测图时,每个小组作业人员一般配置为:观测员1人,便携机操作人员1人,跑尺员1～3人。

采用GNSS RTK采集数据时,则主要根据配置的流动站数量来确定外业观测人员的人数。除基准站以外,每多1个流动站就多配1人。

## （二）仪器和工具准备

进行大比例尺数字测图时通常用全站仪或GNSS RTK。用全站仪测图时,所需要的测绘仪器和工具有全站仪、三脚架、棱镜、对中杆、备用电池、充电器、数据线、对讲机、钢尺（或皮尺）、小卷尺（量仪器高）、记录用具等。用GNSS RTK测图时,在上述的基础工具准备上用GNSS RTK接收机、电子手簿等代替全站仪和棱镜。

测量仪器是完成测量任务的关键,在选择测量仪器时主要考虑性能、型号、数量、测量的精度要求、测区的范围、采用的作业模式等因素。选择测图用的全站仪一般测角精度在2″以内,测距精度为±（3mm+2ppm）。

采用 GNSS RTK 采集数据时，其精度不低于相应规范的要求。

全站仪检验也是一项非常重要的工作。按照相关规范规程，在完成一项重要测量任务时，必须对其性能与可靠性进行检验，合格后方可参加作业。有关检验项目应遵循有关规范进行，并出具检定证书，同时还要准确地测定棱镜常数。

数字测图的外业与内业往往是交替进行的，如外业 1 天，内业 1 天，或者白天外业采集，晚上内业处理，所以除考虑外业数据采集的仪器和工具外，还要考虑内业处理时所需的电脑硬件及软件。此外，测区范围较大时，汽车等交通工具的选择也在准备工作之列。

## （三）资料准备

数字测图需要准备的资料主要有：已有控制点坐标高程成果、原有的图纸成果和其他资料。

已有的控制点成果主要有 GNSS 点成果、等级导线点成果、三角点成果和水准点成果等。这些已知点成果主要作为图根控制（图根平面控制和图根高程控制）的起算数据。其内容应说明其施测单位、施测年代、等级、精度、比例尺、规范依据、平面坐标系统、高程系统、投影带号、标石保存情况以及可否利用等。

图纸成果主要是旧的各种比例尺地形图、地籍图、平面图等。旧的图纸资料可以作为工作计划图、制作工作草图的底图。

其他资料：包含测区有关的地质、气象、交通、通信等方面的资料及城市与乡、村行政区划表等。

## （四）测区踏勘与作业区划分

### 1. 测区踏勘

测区踏勘主要调查了解的内容如下。

（1）交通情况。包含公路、铁路、乡村便道的分布及通行情况等。

（2）水系分布情况。包含江河、湖泊、池塘、水渠、桥梁、码头的分布及水路交通情况等。

（3）植被情况。包含森林、草原、农作物的分布及面积等。

（4）控制点分布情况。包含三角点、水准点、GNSS 点、导线点的等级、坐标、高程系统、点位的数量及分布、点位标志的保存状况等。

（5）居民点分布情况。包含测区内城镇、乡村居民点的分布、食宿及供电情况等。

（6）当地风俗民情。包含民族的分布、习俗、地方方言、习惯、社会治安情况等。

测区踏勘除了解测区内的植被、交通、控制点、居民点、风俗民情等情况外，还要了解地物特点、地形特点、自然坡度、通视情况、气候特点等。从而根据具体条件和要求，确定碎部点的测量密度、观测方法，合理地安排作业时间。

2. 作业区划分

在数字测图中，一般都是多个小组同时作业。为了便于作业，在野外采集数据之前，通常要对测区的"作业区"进行划分。数字测图与传统手工测图的划分方法不一样，传统手工白纸测图一般以图幅划分作业范围和区域，而数据测图则以道路、河流、沟渠、山脊等明显线状地物为界线，将测区划分为若干作业区。对地籍测量来说，一般以街坊为单位划分作业区。分区的原则是各区之间的数据（地物）尽可能独立（不相关）。

## （五）技术设计书编写

1. 拟订作业计划

拟订作业计划，主要是列出作业内容、范围和作业进度。如完成控制点加密的时间、完成图根导线测量的时间、完成图根导线网平差计算的时间、完成某一范围测图的时间、内业成果整理的时间、质量抽检的时间和验收的时间安排等。编制作业计划时，要充分考虑季节和气候等对测量作业的影响，这样安排出的计划才具有可实施性。

拟订数字测图作业计划的主要依据如下：测量任务书、技术规范、技术规程；仪器设备数量和等级；人员数量、技术水平；所用软件、作业模式；已有资料情况；测区交通、通信及后勤保障。

作业计划的主要内容应包括：测区控制网的点位埋设、外业施测、内业处理等的内容和时间安排；野外数据采集的测量范围内容和时间安排；仪器配备、经费预算；提交资料的时间计划、检查验收计划等。

2.编写数字测图技术设计书

一般说来，数字测图技术设计书的主要内容如下。

**任务概述**：说明任务来源、测区范围、地理位置、行政隶属、成图比例尺、任务量和采用的技术依据。

**测区自然地理概况**：说明测区海拔高程、相对高差、地形类别、困难类别和居民地、道路、水系、植被等要素的分布与主要特征；说明气候、风雨季节及生活条件等情况。

**已有资料的分析、评价和利用**：说明已有资料采用的平面和高程基准、比例尺、等高距、测制单位和年代、采用的技术依据、对已有资料的质量评价和可以利用的情况。

**设计方案**：①成图规格和成图精度，说明投影方式、平面坐标系统和高程系统、成图的平面精度和高程精度。②根据项目设计要求和地形类别，说明成图方法和图幅等高距。③平面和高程控制点的布设方案，有关的技术要求。④平面和高程控制测量的施测方法、限差规定和精度估算等。⑤根据技术人员素质和资料等情况，提出外业数据采集和内业成图的方案和技术要求，必要时应给出典型示例。⑥采集和绘图方法要求，根据数字测图的特点，提出对地形图要素的表示要求。如居民地的类型、特征、表示方法和综合取舍的原则，对道路、水系的综合取舍原则，境界的表示方法和原则，地貌和土质的表示要求，植被的表示要求和地类界的综合取舍原则，内业方案与要求等。⑦采用新技术、新仪器时，要说明方法和要求，规定有关限差，并进行必要的精度估计和说明。

**检查验收及质量评定**：主要说明如何进行质量控制，如何进行逐级的检查验收，如何评定成果的质量等级。

**提交的成果资料**：主要说明项目完成时，需要提交哪些成果资料，如各级控制点的观测资料、计算资料、精度评定资料、图纸资料、各类电子的或纸质的资料等。

**计划安排**：主要说明作业准备、控制点埋设、加密平面控制测量、加密高程控制测量、图根平面控制测量、图根高程、各区域的野外数据采集、内业成图、检查验收和成果归档等工作内容的预计时间节点安排。

经费预算：根据设计方案和进度计划，参照有关生产定额和成本定额，编制经费预算表，并做必要的说明。

## 三、图根控制测量

图根控制测量主要包括以下操作步骤：

### （一）收集资料与技术设计

1. 收集资料

收集测区及周边已有的控制测量成果，包括控制点的坐标、高程，以及控制点的分布情况、等级等信息。例如，若测区附近有国家等级控制点，这些资料可以为后续测量提供起算基准。

收集测区的地形图、地质地貌资料、交通图等相关资料，了解测区的地形起伏、交通状况等，以便合理规划测量路线，选择合适的测量方法。

2. 技术设计

根据测量任务的要求（如比例尺、精度等）和测区的实际情况，确定图根控制网的等级、形式（如导线网、三角网、GPS 网等）和布网方案。例如，对于较小且地形较为平坦的测区，可考虑布设导线网；对于较大范围的测区，GPS 网可能更合适。

估算控制网的精度，包括点位精度、边长相对精度等，确保其满足测量任务的要求，符合规范。根据精度估算结果，合理选择测量仪器和观测方法。

### （二）选点与埋石

1. 选点原则

控制点应选在土质坚实、视野开阔、便于安置仪器和保存标志的地方。避开容易发生沉降、震动的区域，如河岸、松软的农田等。

相邻控制点之间应通视良好，便于观测角度和距离。如果采用光电测距，要考虑视线，避开障碍物的遮挡，如建筑物、树林等。

控制点的分布应均匀覆盖整个测区，并且应在重要地物（如建筑物拐角、道路交叉口等）附近和测区边界处适当加密控制点的布置。

## 2. 埋石

对于需要长期保存的控制点，要进行埋石。一般使用混凝土预制桩或现场浇筑混凝土标石，标石的顶部中心应刻有十字线，以精确表示控制点的位置。

在埋石过程中，要确保标石的稳定性和垂直度，记录标石的埋设位置、编号等信息。

### （三）仪器设备准备与检验

根据选定的测量方法，准备相应的仪器设备。如采用全站仪进行导线测量，需要准备全站仪、棱镜、脚架等；GPS–RTK 测量则要准备 GPS 接收机、手簿、电台等。

确保仪器设备的数量满足测量工作的需要，并且仪器的性能良好，如全站仪的测距、测角精度符合要求，GPS 接收机的信号接收能力正常。

全站仪等光学仪器需要进行检验和校正。检验项目包括视准轴误差、横轴误差、竖盘指标差等，按照仪器的操作手册和相关规范进行校正，确保仪器的测角精度。

对于测距设备，要检验其测距常数是否正确，测距精度是否满足要求。对于 GPS 接收机，要检查其天线相位中心稳定性、接收信号的灵敏度等。

### （四）观测

#### 1. 角度观测

如果是采用导线网等形式，需要使用全站仪等仪器进行角度观测。在观测前，要对中整平仪器，精确照准目标，读取水平角和垂直角。

按照规范要求的观测测回数进行观测，一般采用全圆方向法或复测法等观测方法。在观测过程中，要记录观测数据，包括测站编号、目标编号、水平角读数、垂直角读数等信息，并且要注意观测顺序，避免度盘分划误差等系统误差的影响。

#### 2. 距离观测

利用全站仪的测距功能或光电测距仪进行距离观测。在测距时，要注意气象改正，根据当时的气温、气压等气象条件，对测距结果进行修正。

对于高精度的测量，还可能需要考虑地球曲率和大气折光的影响。如果采用钢尺量距，要注意钢尺的检定、拉力控制、倾斜改正等。

3. 高程观测（水准测量或三角高程测量）

水准测量：如果采用水准测量的方法测定图根点高程，要按照水准测量的操作规程进行。安置水准仪，在控制点之间设置水准尺，读取后视读数和前视读数，计算高差。一般采用双面尺法或变动仪器高法进行水准测量的检核，以保证测量精度。

三角高程测量：利用全站仪观测竖直角和斜距，根据三角高程公式计算高差。在进行三角高程测量时，要注意对地球曲率和大气折光的改正，特别是在长距离和高差较大的情况下。

## （五）数据记录与整理

1. 记录要求

观测数据必须当场记录在专门的观测手簿上。记录要清晰、整洁、准确，不得涂改、转抄。如果记录有误，应按照规定的方法进行划改，在错误数据上划一横杠，在旁边写上正确的数据，并注明原因。

记录内容包括观测日期、天气、仪器型号、观测者、记录者、测站编号、目标编号、观测数据（角度、距离、高差等）等信息。

2. 整理数据

将观测手簿中的数据进行整理，检查数据的完整性与合理性。例如，检查角度观测值是否在合理范围（0~360°）内，距离观测值是否符合实际情况。

对于水准测量，要计算高差闭合差，并检查其是否在允许范围内；对于导线测量，要计算角度闭合差和坐标增量闭合差。

## （六）数据平差计算

1. 平差原理

根据最小二乘法原理，对图根控制网的观测数据进行平差计算。目的是消除观测值中的不符值（如角度闭合差、坐标增量闭合差等），求出各控制点的最或是值（坐标、高程）。

例如，在导线测量平差中，通过建立误差方程，利用矩阵运算求解各导线点的坐标平差值。平差计算可以采用严密平差方法或近似平差方法。

2. 计算软件使用

目前，一般使用专业的测量平差软件进行数据平差计算，如南方平差易等软件。将整理好的数据输入软件，按照软件的操作流程进行设置，包括控制网的类型、观测数据类型、精度指标等，然后运行平差计算程序，得到平差结果。

### （七）成果检查与验收

1. 精度检查

根据平差结果，检查控制点的精度是否满足设计要求。例如，检查图根点的点位中误差、相邻点间的相对中误差、高程中误差等是否在规定的限差范围内。

对于不符合精度要求的控制点，要分析原因，可能是观测数据存在粗差、平差计算错误等，需要重新进行观测或计算。

2. 资料检查

检查测量过程中形成的各种资料是否齐全，包括观测手簿、平差计算资料、控制点成果表等。检查资料的填写是否规范、准确，是否有相关人员的签字盖章等。

验收合格后，整理成果资料，包括绘制控制点分布图，编制控制点成果表，为后续的地形测量等工作提供基础数据。

# 第三节 数字测图的质量控制

## 一、大比例尺数字地形图质量要求

### （一）大比例尺数字地形图的数据说明

数据说明是数字地形图的一项重要质量特性，数字地形图的质量要求应包含数据说明部分。数据说明可存储于产品数据文件的文件头中或以单独的文件存储为文本文件，内容编排格式可自行确定。

## （二）大比例尺数字地形图的数据分类与代码

大比例尺数字地形图的数据分类与代码应遵循科学性、系统性、可扩展性、兼容性与适用性原则，符合《基础地理信息要素分类与代码》（GB/T 13923–2022）的要求。

补充的要素及代码应在数据说明备注中加以说明。

## （三）大比例尺数字地形图的质量元素与权重

数字地形图成果的质量模型分为质量元素、质量子元素与检查项三个层次，每个层次之间为一对多关系。数字地形图成果的质量元素包括数字精度、数据及结构正确性、地理精度、整饰质量、附件质量等内容。质量元素由质量子元素组成，每一个质量子元素又由一项或多项检查内容（检查项）组成。

## （四）大比例尺数字地形图数据的位置精度

1. 平面、高程精度

地物点、高程注记点、等高线相对最近的野外控制点的点位中误差不得大于规定，特殊困难地区精度可按地形类别放宽 0.5 倍。规定以 2 倍中误差为最大误差，超限视为粗差。

2. 形状保真度

各要素的图形能正确反映实地地物的特征形态，并无变形扭曲，即形状保真度高。

3. 接边精度

在几何图形方面，相邻图幅接边地物要素在逻辑上保证无缝接边；在属性方面，相邻图幅接边地物要素属性应保持一致；在拓扑关系方面，相邻图幅接边地物要素拓扑关系应保持一致。

## （五）数字地形图要素的完备性

数字地形图中各种要素必须正确、完备，不能有遗漏或重复现象。

1. 数据分层的正确性

所有要素均应根据其技术设计书和有关规范的规定进行分层。数据分层应正确，不能有重复或漏层。

2. 注记的完整性、正确性

各种名称注记、说明注记应正确，指示明确，不得有错误或遗漏，注记的属性、规格、方向应与图式一致。当与技术设计书要求不一致时，以技术设计书为准，高程注记点密度为图上 5 ~ 20 个 /100 cm$^2$。

## （六）数字地形图的图形质量

数字地形图模拟显示时，其线条应光滑、自然、清晰，无抖动、重复等现象。符号表示规格应符合相应比例尺地形图图式规定。注记应尽量避免压盖地物，其字体、文字大小、字数、单位等应符合相应比例地形图图式的规定。符号间应保持规定的间隔，使其清晰，易读。

## （七）数字地形图的其他要求

1. 分类

数字地形图比例尺分类的方法与普通地形图相同，这里不做赘述。数字地形图按照数据形式分为矢量数字地形图和栅格数字地形图，代号分别为 DV 和 DR。数字地形图应包含密级要求，密级的划分按照国家有关保密规定执行。

2. 产品标记

数字地形图的产品标记规定：产品名称＋分类代号＋分幅编号＋使用标准号。

3. 构成

数字地形图由分幅产品和辅助文件构成。每一分幅产品由元数据，数据体和整饰数据等相关文件组成。辅助文件包括使用说明、支持文件等，但辅助文件不作为数字地形图产品的必备部分。元数据作为一个单独文件，用于记录数据源、数据质量、数据结构、定位参考系、产品归属等方面的信息。数据体用于记录地形图要素的几何位置、属性、拓扑关系等内容。使用说明用于帮助、解释和指导用户使用数字地形图产品，包括分层规定、要素编码、属性清单、特殊约定、帮助文件（例如各种专用 *.shx 文件等）、版权、用户权益等内容。

## 二、作业过程质量控制

ISO9000 标准是国际公认的质量管理和质量保证的统一标准，从质量计划、管理职责、人力资源、质量记录到过程控制、产品标识、不合格品控制、产品检验等都作了规定并形成文件，使质量管理系统化、规范化、科学化，保证产品的任何工序都得到有效控制。将大比例尺地形图测绘的质量控制与 ISO9000 标准结合起来，可以有效控制测图的质量。

### （一）质量计划

根据测绘范围及时限，制订合理的人力及设备资源配置，详细可行的施测方案和质量计划，影响质量的关键环节及其控制措施，确定测绘过程中各级人员的质量职责及质量目标。严格控制工作、工序质量，使每一道工序始终处于受控状态，坚持"以工作质量保证工序质量，以工序质量保证产品质量"的原则。

### （二）过程控制

过程控制包括外业过程控制和过程跟踪监督检查。作业人员严格按规范要求操作，保证对地表地物调查到位、测绘到位，做到不错、不漏、不差；采用便携计算机和 PAD 掌上电脑，自动传输观测数据并转换为图形，进行实时编辑，最大限度地减少测绘过程中的差、错、漏，从而保证外业数据采集过程的质量；质检人员对测绘过程实施跟踪检查，监督检查作业方法是否规范，成果是否达到要求，对过程结果进行监督检查，确保所有过程的质量都处于受控状态。

### （三）成果检查

由单位质量管理部门对经过过程检查修改后的成果进行抽查，进一步减少测绘成果的缺陷，提高最终产品的质量。

### （四）持续改进

对检查过程中发现的问题由质检部门提出整改要求，限期整改，针对测绘过程中存在的质量通病制订纠正预防措施，杜绝类似问题的再次发生，不断提高地形图的测绘质量。

### 三、成果检查验收与质量评定

数字地形图及其有关资料的检查验收工作，是测绘生产一个不可或缺的环节。对地形图实行二级检查（测绘单位对地形图的质量实行过程检查和最终检查）、一级验收制（验收工作由任务的委托单位组织实施，或由该单位委托具有检验资格的检验机构验收）。

数字地形图的检查验收工作，要在测绘作业人员自己做充分检查的基础上，提请专门的检查验收组织进行最后的检查和质量评定。若合乎质量标准，则应予验收。地形图质量检验的依据是有关的法律法规、国家标准、行业标准、设计书、测绘任务书、合同书和委托检验文件等。

#### （一）内业检查

地形图室内检查主要包括：应提交的资料是否齐全；控制点的数量是否符合规定，记录、计算是否正确；控制点、图廓、坐标格网展绘是否合格；图内地物、地貌表示是否合理，符号是否正确；各种注记是否正确、完整；图边拼接有无问题等。地形图室内检查发现的疑点或错误可作为野外检查的重点。

#### （二）外业检查

在内业检查的基础上进行外业检查。

##### 1. 野外巡视检查

检查人员携带测图图纸到测区，按预定路线进行实地对照查看。主要查看原图的地物、地貌有无遗漏；勾绘的等高线是否逼真合理，符号、注记是否正确等。这是检查原图的方法，一般应在整个测区范围进行，特别应对接边时所遗留的问题和室内图面检查时发现的问题做重点检查。发现问题后应当场解决，否则应设站检查。样本图幅野外巡视范围应大于图幅面积的 3/4。

##### 2. 野外仪器检查

对于室内检查和野外巡视检查过程中发现的重点错误、遗漏，应进行更正和补测。对一些怀疑点，地物、地貌复杂地区，图幅的四角或中心地区，也需要抽样设站检查。

平面、高程检测点位置应分布均匀，要素覆盖全面。检测点（边）的数量视地物复杂程度、比例尺等具体情况而定，一般每幅图应在 20 ~ 50 个点，尽量按 50 个点采集。

平面绝对位置检测点应选取明显地物点，主要为明显地物的角隅点、独立地物点、线状地物交点、拐角点、面状地物拐角点等。同名高程注记点采集位置应尽量准确，遇到难以准确判读的高程注记点时，应舍去该点，高程检测点应尽量选取明显地物点和地貌特征点，且尽量分布均匀，避免选取高程急剧变化处；高程注记点应着重选取山顶、鞍部、山脊、山脚、谷底、谷口、沟底、凹地、台地、河川湖池岸旁、水涯线上等重要地形特征点。

对居民地密集且道路狭窄、散点法不易实施的区域，应采用平面相对位置精度的检验法。其基本步骤为以钢（皮）尺或手持测距仪实地量取地物间的距离，与地形图上的距离比较，再进行误差统计得出平面位置相对中误差。检查时应对同一地物点进行多余边长的间距检查，以保证检验的可靠性，统计时同一地物点相关检测边不能超过两条。检测边位置应分布均匀，要素覆盖全面，应选取明显地物点，主要为房屋边长、建筑物角点间距离、建筑物与独立地物间距离、独立地物间距离等。

检查结束后，对于检查中发现的错误和缺点，应立即在实地对照改正。如错误较多，上级业务单位可暂不验收，并将上交的原图和资料退回作业组进行修测或重测，然后再进行检查和验收。

各种测绘资料和地形图，经全面检查符合要求，即可验收，并根据质量评定标准，实事求是地做出质量等级评估。

## （三）入库检查

数字化测图的最终目的是将地形图转入 GIS 系统数据库，入库数据必须根据 GIS 系统的要求进行检查，检查的主要内容如下。

完整性检查：包括数据分层的完整性、数据层内部文件的完整性、要素的完整性、属性的完整性等。

逻辑一致性检查：包括属性一致性、格式一致性、分层一致性、拓扑关系的正确性、多边形闭合差等。

属性精度检查：主要检查点、线、面的属性代码；属性值的正确性、唯一性；注记的正确性；数据分层的正确性。接边检查包括位置接边和属性接边，检查数据格式说明及附属资料的正确性等。

### （四）数字地形图验收

1. 基本规定

数字测绘产品质量实行优级品、良级品、合格品、不合格品评定制。数字测绘产品质量由生产单位评定，验收单位则通过"检验批"进行核定。数字测绘产品"检验批"质量实行"合格批"和"不合格批"两级评定。

（1）单位产品质量等级的划分标准。

优级品：N=90 ～ 100 分

良级品：N=75 ～ 89 分

合格品：N=60 ～ 74 分

不合格品：N=0 ～ 59 分

（2）对"检验批"质量按规定比例抽取样本，若样本中全部为合格以上产品，则将该"检验批"判为合格批；若样本中有不合格产品，则将该"检验批"判为一次性检验未通过批，应从检验批中再抽取一定比例的样本进行详查；若样本中仍有不合格产品，则将该"检验批"判为不合格批。

2. 单位产品质量评定元素及错漏扣分标准

数字地形图成果的质量模型分为质量元素、质量子元素、检查项三个层次，每个层次之间为一对多的关系，根据国家测绘地理信息局发布的《测绘成果质量检查与验收》（GB/T 24356—2023），将数字测图产品错漏类型分为 A、B、C、D 四类。

### （五）检查验收报告

检查和验收工作结束后，生产单位和验收单位分别撰写检查报告和验收报告。检查报告经生产单位领导审核后，随产品一并提交验收。验收报告经验收单位主管领导审核（委托验收的验收报告送委托单位领导审核）后，随产品归档，并抄送生产单位。

　　检查报告的主要内容包括任务概要、检查工作概况（包括仪器设备和人员组成情况）、检查的技术依据、主要质量问题及处理情况、对遗留问题的处理意见、质量统计和检查结论。

　　验收报告主要内容包括任务概要、验收工作概况（包括仪器设备和人员组成情况）、验收的技术依据、验收中发现的主要问题及处理意见、验收结论和其他意见及建议。

# 第五章　工程测量技术

## 第一节　工程测量学概述

### 一、工程测量学的定义和作用

#### （一）工程测量学的定义

工程测量学是测绘学的二级学科，归纳起来，有以下三种定义。

1. 定义一

工程测量学是研究各种工程建设在勘测设计、施工建设和运营管理阶段所进行的各种测量工作的学科。

工程建设是指投资兴建（建造、购置和安装）固定资产的经济活动以及与之相联系的其他工作。工程建设一般分为勘测设计、施工建设和运营管理三个阶段。各种工程包括工业与民用建筑（大型厂区、城市高层、高塔和各种建筑物等）、道路工程（各种铁路、公路等）、桥梁与隧道工程、水利水电枢纽工程（大坝、厂房、船闸等）、地下工程（地下矿山、隧道、城市地铁和人防等）、管线工程（高压输电线、输油气管道和城市地下管线等）、矿山工程、其他工程（军事工程、海洋工程、机场、港口、核电厂以及离子加速器这样的科学实验工程）等。

2. 定义二

工程测量学主要研究在工程建设各阶段、环境保护及资源开发中所进行的地形和其他有关信息的采集及处理、施工放样、设备安装和变形监测的理论、方法与技术，研究对测量资料以及与工程有关的各种信息的管理和使用，它是测绘学在国家经济建设和国防建设中的一门应用型学科。

地形信息采集主要表现为各种大比例尺地形图测绘；施工放样是将工程的室内设计放样实现到实地；变形监测（亦称安全监测）贯穿于工程建设的三个阶段，包括变形分析与预报。

3. 定义三

工程测量学是研究地球空间中（包括地面、空中、地下和水下）具体几何实体的测量描绘和抽象几何实体的测设实现的理论、方法和技术的一门应用型学科。它主要以建筑工程和机器设备为研究服务对象。

具体几何实体是指一切被测对象，包括存在的地形、地物、已建的各种工程及附属物；抽象几何实体是指一切设计的但尚未实现的各项工程。

比较上述三种定义，定义一比较大众化，易于理解。定义二较定义一更具体、准确，上升到理论、方法与技术，且范围更大，包括了环境保护及资源开发。从学术意义上讲，定义三更加概括、抽象、严密和科学。定义二、定义三中，工程测量学的研究对象除建筑工程外，还包括了机器设备乃至其他几何实体，而且都上升到理论、方法和技术，强调工程测量学所研究的是与几何实体相联系的测量、测量的理论、方法和技术，而不仅仅是研究各阶段的各种测量工作。

## （二）工程测量的任务和作用

工程测量的任务可以概括为一句话：为工程建设提供测绘保障，满足工程建设各阶段的各种需求。具体地讲，在工程勘测设计阶段，提供设计所需要的地形图等测绘资料，为工程的勘测设计、初步设计和技术设计服务；在施工建设阶段，主要是施工放样测量，保证施工的进度、质量和安全；在运营管理阶段，则是以工程健康监测为重点，保障工程的安全、高效运营。

工程测量在工程建设中，起尖兵和卫士的作用。工程测量关系工程设计的好坏、工程建设的速度和质量以及工程运营的效益和安全。以变形监测为例，它贯穿工程建设和工程运营的始终，变形监测是长久性的工作，监测是基础，分析是手段，预报是目的。工程的变形监测，不仅是工程和设备正常和安全运营的保障，而且其数据处理结果也是对设计的检验，变形分析资料是建设中修改设计或新建类似工程设计的重要依据。

## 二、工程测量学的研究内容

工程测量学的主要研究内容可以概括为：地形资料的获取与表达、工程控制测量及数据处理、建筑物的施工放样、设备安装检校测量、工程及与工程有关的变形监测分析与预报、工程测量专用仪器的研制与应用、工程信息系统的建立与应用等。

### 1. 工程测量学的理论、技术和方法

工程测量学综合了误差、精度、可靠性、灵敏度、误差分配、精度匹配、优化设计、坐标系及其转换等理论。经纬仪、水准仪、全站仪是工程测量的通用仪器，可测角度、距离、高差、坐标差和坐标等几何量。光学经纬仪、水准仪逐渐被电子经纬仪、电子全站仪、电子水准仪所取代。GPS 接收机也已成为通用仪器而广泛使用。陀螺经纬仪可直接测定方位角，主要用于联系测量和地下工程测量。

应用在精密工程测量领域的各种专用仪器技术和方法，包括确定待测点相对于基准线（或基准面）的偏距的基准线测量（或准直测量）、微距离及其变化量的精密距离测量、液体静力水准测量、倾斜测量和挠度测量等。车载、机载和地面三维激光扫描仪已成为数据采集的重要手段。多传感器的高速铁路轨道测量系统，由 GPS 接收机、惯导仪、激光扫描仪、智能全站仪、CCD 相机以及其他传感器等集成的地面移动式测量系统，以及由 GPS OEM 板、通信模块、自动寻标激光测距仪等集成的变形遥控监测预警系统等，都代表了现代先进的工程测量技术。

### 2. 地形资料的获取与表达

工程测量学在地形资料的获取与表达中的应用主要是大、中、小比例尺地形图的测绘，以及水下地形图、竣工图和各种纵横断面图测绘等。

### 3. 工程控制测量及数据处理

工程控制测量及数据处理包括工程控制网的分类、设计、建立和应用。涉及坐标系、基准、仪器和方法选取，建网、观测和网平差数据处理等问题。

### 4. 建筑物的施工放样

建筑物的施工放样可归纳为点、线、面、体的放样。点放样是基础，

放样点应满足一定的条件，如在一条给定的直线或曲线上，或在空间形状符合设计要求的曲面上。放样分高程放样、直线放样、二维放样和三维放样。放样的方法很多，可分为通用的放样方法和特殊的放样方法。施工放样的工作量很大，因此放样一体化、自动化特别重要。

5. 设备安装检校测量

设备安装检校测量的方法包括控制测量、短边测角、方位传递、工业测量和应用实例，其推动了电子经纬仪/电子全站仪测量系统、激光跟踪测量系统、工业摄影测量系统和室内 GPS 测量系统等工业测量系统的发展。

6. 工程的变形监测分析和预报

工程及与工程有关的变形监测、分析和预报是工程测量学的研究内容之一。变形监测除了针对工程本身和所在范围外，还要对与工程有关的对象、范围进行监测，例如水利枢纽工程的库区滑坡、修建道路引发的滑坡、岩崩等。变形分析和预报需要对变形观测数据进行处理，还涉及工程、地质、水文、应用数学、系统论和控制论等学科，属于多学科交叉领域。

变形监测主要包括水平位移、垂直位移、沉陷、倾斜、挠度、摆动、震动和裂缝等的监测，又分周期性监测和持续性监测。变形分析和预报又称变形观测数据处理，其主要方法有统计分析法和确定函数法两种。统计分析法以大量的监测数据为基础，侧重于变形的几何分析；确定函数法基于外力和变形之间的函数关系，是变形的物理解释方法。变形监测是基础，变形分析是手段，变形预报是目的。变形监测分析与预报是工程和设备正常、安全运营的基础保障。

## 三、工程测量对于施工质量管理的重要性

工程测量作为当前施工质量管理的重要组成部分，能够保证工程地基建设稳定性，构建强有力的安全防护措施，从工程根基建设层面保证工程正常施工建设。当前工程测量工作也是施工质量管控工作的关键环节，工程测量工作需要不断强化测量工作人员之间的协调合作，强化对新技术、新设备的应用，从整体上提升工程测量质量，精确提供工程测

量数据信息，促进工程质量管控措施的优化。

## （一）工程测量对于施工质量管理的重要性分析

### 1. 形成科学化施工方案，提升施工质量

工程测量是工程施工人员在工程建设目标和建设需求的基础上，有目的地深入工程建设所在地区，对工程建设的地质地理条件和周围自然地理环境进行详细的、全面的考察分析。在分析地质地理条件的基础上，通过岩土工程勘察工作，了解土质条件、地质结构等信息，工程施工人员收集以上数据信息后，可以恰当选择地基建设的结构和基坑开挖的深度。总体而言，工程测量对于形成系统化的施工方案、施工规划起着重要的支撑作用。

### 2. 全面认识施工风险，做好质量建设防范工作

工程施工建设中，需要对工程建设所在地区存在的自然地理风险，如滑坡、泥石流、塌陷等问题进行详细的勘测分析，并且针对地质条件全面收集和分析数据、信息，从中发现可能潜存的施工风险和安全隐患，促使工程质量管控单位积极构建健全的施工风险防范措施，保证工程建设顺利进行，提高工程建设质量。这是一项极为重要的工作。

### 3. 为施工质量管理提供技术支撑

工程测量工作在明确工程基础建设现状、施工风险的基础上，进一步提升工程质量管控人员选择施工技术、施工工艺、施工设备操作方式的准确性，保证所选择的技术工艺能够适应工程实际施工建设的要求，为施工质量管理提供技术支撑。

## （二）基于重要性分析优化工程测量的措施

### 1. 组建专业的工程测量队伍

基于工程测量对施工质量管理的重要性分析，必须保证工程测量的高效性和精确性，确保工程测量获得的数据、信息切实能够为工程质量管理提供强有力的支撑，发挥应有的作用。首先，工程测量作为一项专业化、系统化、操作性强的工作，必须组建稳定的、专业的、协调能力强的施工人员队伍。一方面，要保证施工人员队伍具备工程测量现代化理论知识体系，积极学习现代化测量技术，坚持"以技术为核心、以测

量质量为第一"的测量原则，在严格遵循测量规范的基础上，保证工程测量工作顺利进行；另一方面，要强化测量工作人员之间的合作，开展高效的工程测量工作势必需要各测量人员之间的协调、合作，只有参与各部分测量的工作人员团结合作，技术上相互协调、工作上相互辅助，才能够切实提升工程测量效率。

2. 加强测量队伍与质量管理队伍之间的沟通

工程测量作为当前施工质量管理的重要基础工作，在实际进行的过程中，为了保证工程测量结果切实为质量管理所用，发挥工程测量实施价值，必须积极加强测量队伍与质量管理队伍的沟通与协调，测量队伍与质量管理队伍之间的有效沟通可以起到有效的指导作用。

3. 健全工程测量技术和效果管理体系

工程测量工作须以制度的权威性和规范性，保证工程测量技术应用合理、测量过程科学、测量结果精确。工程测量技术和效果管理体系，需要明确岗位责任制度，做好测量人员合理施工分配，保证工程测量效率和质量。

4. 强化监督管理在工程测量中的应用

工程测量工作是一项需要深入实地，借助使用 3S 技术、摄影测量技术进行的工作。在此过程中，必须切实强化工程测量每个环节、每个层面以及每项技术应用的监督管理，通过严密的监督管理体系，遵循相关制度、标准管理，对工程测量的技术、方式、方法进行衡量评估，检测技术运用是否科学、人员操作是否标准、测量基础建设是否合理。若发现问题，必须督促改正，保证工程测量质量。

# 第二节　工程测量技术的应用

## 一、工程测量学的应用领域

工程测量学是一门应用性很强的工程学科，在国家经济建设、国防建设、环境保护及资源开发中都必不可少，其应用领域，可按工程建设阶段和服务对象划分。

按工程建设的勘测设计、施工建设和运营管理三个阶段，工程测量可分为工程勘测、施工测量和安全监测。工程勘测主要是提供各种大、中比例尺的地形图。为工程地质、水文地质勘探等提供测量服务，重要工程的地层稳定性观测等。施工测量包括建立施工控制网、施工放样、施工进度和质量监控、开挖与建筑测绘、施工期的变形监测、设备安装以及竣工测量等。运营管理阶段的测量工作主要是安全监测。按所服务的对象可分为建筑工程测量、水利工程测量、线路工程测量、桥隧工程测量、地下工程测量、海洋工程测量、军事工程测量、三维工业测量，以及矿山测量、城市测量等。各项服务对象的测量工作各有其特点与要求，即个性或特殊性，但从其测量的基本理论、技术与方法来看，又有很多共同之处，即共性或一般性。

工程测量学的应用领域还可以扩展到工业、农业、林业和国土、资源、地矿、海洋等国民经济部门的各行各业。现代工程测量已经远远突破了为工程建设服务的概念，向所谓的"广义工程测量学"发展，认为"一切不属于地球测量、不属于国家地图集范畴的地形测量和不属于官方的测量，都属于工程测量"。

## 二、工程测量过程中精度的影响因素及控制方法

工程测量主要是指在工程施工范围内进行的测量工作，得出相应的数据信息作为后期施工建设的重要依据，其中包括施工地理位置以及空间大小等，这些数据信息测量的精度如果达不到设计的标准，将会对后期的施工造成非常严重的影响。随着社会发展速度加快，很多工程的规模逐渐扩大，所以测量精度在工程建设中的影响越来越大。从客观角度说，工程测量包括设计阶段、施工阶段、经营管理阶段等3个不同阶段的测量工作，每一个阶段的测量精度都应该满足相关设计规定和要求，这样才能够保证整个工程建设的施工质量。

### （一）影响因素

1. 测量技术人员

测量人员的专业素养将会直接影响测量的精度，很多施工企业对测

量工作的重视程度较低，很容易出现测量技术人员的专业素质达不到专业标准的情况，从而影响测量工作的质量。具体来说就是测量技术人员的理论知识和操作技能有所欠缺，在实际工程测量过程中就会出现操作不当、技术不规范等问题，精度无法保证，从而对工程测量结果产生较大影响。出现这种情况的原因之一是很多企业的工程测量人员是一些刚毕业的大学生，在学校里所学习的测量相关知识在实际操作中是远远不够的，所以在进行工程测量时，他们往往会忽略一些问题，使得测量精度达不到设计的要求。

2. 测量相关仪器

测量工作不仅需要有优秀的测量技术人员，还需要有精密的仪器作为辅助，所以测量仪器也是影响测量精度的一个非常重要的因素。随着科学技术的飞速发展，很多工程所使用的测量仪器的相关性能都有了很大程度的提高，但是仍然有部分施工企业为了降低成本，选择一些相对来说较为落后的测量仪器，当然也不排除有一些工程所处施工环境太过复杂，很多大型测量仪器无法进行正常使用，这些情况都会对测量精度造成负面影响。

在高程测量中按所使用的仪器和施测方法的不同，可以分为水准测量、三角高程测量、GPS 高程测量和气压高程测量。水准测量是精度较高的一种高程测量方法，广泛应用于国家高程控制测量、工程勘测和施工测量中。水准测量的原理是利用水准仪提供的水平视线，读取竖立于两个点上的水准尺上的读数，来测定两点间的高差，再根据已知点高程计算待定点高程。

除此之外，测量仪器还需要相关工作人员对其进行定期检测和维修，但是在实际应用中，很多工程测量技术人员往往为了减少自身的工作量而减少对测量仪器检修的次数，这也影响测量的精度。

3. 测量设计方案

除了测量技术人员的专业素养以及测量过程中所使用的一些仪器之外，还有一个影响测量精度的重要因素就是工程测量的设计方案，测量方案的设计需要根据实际施工的情况，对其进行科学合理的规划，只有这样才能够在最大程度上保证测量的精度。在实际测量过程中，很多施工企业都存在测量标准比较混乱、测量对象不够明确、设计方案规划不够合理等情况，这些情况都会对测量精度造成严重影响。

## （二）控制方法

### 1. 提高技术人员专业水平

针对前面所提到的测量技术人员的专业性达不到标准从而影响测量精度等问题，企业应加大培训力度，提高测量技术人员的专业水平，但是考虑实际情况，不可能在短时间内将所有的测量技术人员都培养成具有丰富经验和深厚理论知识的人才。鉴于此，至少也要保证在每一个工程中都有专业测量人员，然后采取"传、帮、带"的模式去提高测量技术较弱的测量人员的专业水平，从而保证测量最终结果的精度符合相关的设计规定。

除此之外，施工企业可以采取一些激励措施，比如提高测量人员的薪资待遇、提供合适的晋升空间等，从而有效调动员工的工作积极性，保证测量工作质量。

### 2. 加强对仪器的管理

对测量仪器的科学管理也是非常重要的一个环节。在使用前和使用后都需要对仪器进行精准的调试，这样可以有效地提高测量仪器的使用性能，使其处于良好的工作状态，最大程度地保证测量精度。在测量人员进行测量之前，对于一些新引进的先进设备，一定要仔细阅读使用说明书，这样可以有效避免在测量过程中出现一些操作不当的问题。此外，施工企业及仪器操作人员应定期对测量仪器进行检测和维修，发现故障及时处理，避免使用故障仪器进行测量。

### 3. 设计科学的测量方案

测量方案的设计也需要注意很多问题，具体可以从准备工作和细化测量步骤方面入手。工程测量的准备工作主要包括根据实际情况明确测量的主体对象，制订相应的测量计划，并且对测量精度有一定的预估。测量人员需要严格按照施工图设计以及施工进度要求等开展工程测量工作，为了保证测量精度符合设计标准，需要细化测量任务，以便后续对测量结果进行精度的审核。

### 三、GPS-RTK 技术特点及其在工程测量中的应用

GPS-RTK 技术是基于 GPS 技术发展而来的，在实际应用过程中能够快速获取测量领域的定位数据，只需利用载波相位动态实时差分方式，便能够实现厘米级精度。一般来说，GPS 分为静态和动态两种形式，其对于精度具有较高的要求，在工程放样、控制测量以及地形测图中应用效果较好。

#### （一）GPS-RTK 技术概述与特点

GPS-RTK 测量系统主要构成要素包括 GPS 接收设备、软件系统以及数据传输设备，有效地结合了数据传输技术与 GPS 测量技术，是 GPS 测量技术的重大进步。GPS 接收机在用户站上接收 GPS 卫星信号的过程中，还会利用无线电接收设备接收基准站传输的观测数据，并且对显示用户站的三维坐标与精度进行详细计算。

通过对定位结果的实时计算，便能够实时监测用户站与基准站观测结果的质量，最终显著减少冗余观测量，同时也能在一定程度上缩短观测的时间。GPS-RTK 技术的特点如下。

（1）高精度。RTK 技术在作业半径内能够实现高程精度与平面精度的厘米级。

（2）工作效率高。利用 GPS-RTK 技术在对范围较大地区进行测量时仍然能够得到较高精度，因些能够显著减少控制点数量与测量仪器的设站数量，并且在实际操作的过程中，仅需一人便能够实现移动站功能，具有较高的作业效率，从而降低工作人员的劳动强度。

（3）操作简单。现阶段，大部分的测量仪器中均带有中文菜单，在实际测量中仅需进行简单的设置，并且 GPS-RTK 技术在实际应用中具有较强的储存、输入、输出、处理及转换能力，能够对测量仪器相关工具进行有效响应。

（4）全天候作业。GPS-RTK 技术在实际测量过程不会受到地理位置、通信状况和气候条件等多种因素的影响。能够简化测量工作，显著提升测量精度。

（5）高度自动化。GPS-RTK 测量技术具有较强的数据处理能力，

同时也具有较高的自动化与集成化程度，能够在一定程度上节省人力、物力。

## （二）工程测量中 GPS–RTK 技术的应用

### 1. 线路勘测

线路勘测的方法直接影响勘测结果,因此在线路勘测的过程中,必须选择合理的勘测方法,并且要充分利用原路基。在线路勘测中利用 GPS–RTK 技术，可以选择车载流动站，然后将已知点作为参考站，沿着原路中线采集相关数据。作业人员在地形图上完成定位后便可采用电子账簿计量，确保中桩点坐标数据与计量数据的准确性，根据 GPS–RTK 系统进行放点定位，将误差控制在合理的范围内。

### 2. 地形测量

若测量区没有建筑物阻挡，视野较为开阔，那么在采用 GPS–RTK 技术进行测量的过程中，只需设置基准控制点便能够对碎部地形进行很好的测量。并且 GPS–RTK 技术与传统测量技术相比，在夜间测量具有较大的优势。若测量区域附近具有比较密集的建筑物，便会在一定程度上阻碍定位系统，导致盲区形成，从而需要耗费较长的数据初始化时间，极易导致测量失误，最终影响测量的精度与速度。而 GPS–RTK 技术在实际应用中能够加入更多的图根导线点，从而提高测量精度，提高工作效率。传统测量方式对通视要求较高,且需要几个人同时操作才能完成。应用 GPS–RTK 技术,即使测站与测点之间不存在通视也能进行测量。也就是说，只需要一个测量人员将仪器带到测点，然后在此过程中输入当地地物属性与特征编码，再配合电子手簿，测图软件便能够自动生成与测区相关的地形图。

### 3. 地籍与房产测量

地籍测量的目的在于得到与表述地籍管理信息，房产测量的主要目的是对房屋及房屋用地信息进行收集与表述。

传统的测量方式对测区和测点之间的通视具有较高的要求，并且对通视距离有严格的规定，这种方式不仅会耗费大量的人力与时间，而且得不到理想的测量精度与效率。而应用 GPS–RTK 技术不需要考虑测量天气与通视的限制便能够获得精准的信息，显著提高了数据的真实性与测量效率。

综上所述，在工程测量中应用 GPS-RTK 技术能够在很大程度上提高测量定位的准确性，同时也能够显著提高测量工作的效率。GPS-RTK 技术在实际操作中需要结合实时差分处理技术、实时动态测量技术及载波相位测量等，从而进一步提高测量精度，以便更好地满足工程测量的相关需求。

## 四、数字化测绘技术在城市地下管线信息化工程测量中的应用研究

近年来，我国工程测绘的技术水平不断提高，这对我国城市地下管线信息化工程测量的发展具有重要的促进作用，使城市地下管线信息化工程的测量结果更加精确。目前，数字化测绘技术的广泛应用，有效提高了城市地下管线信息化工程的测量效率及测量水平。

在过去传统的城市地下管线信息化工程测量中，主要的测量内容有许多。近年来，数字化测绘技术的发展及问题的处理形式逐渐趋于自动化与实时化，使数字化测绘技术正向一个服务领域更大的方向延伸，从而满足现在城市地下管线信息化工程测量的发展需求。数字化测绘技术与传统的测绘技术相比，是机器助图与全解方式的一种进步，具有明显的发展优势，有利于增加城市地下管线信息化工程测量的精确度，并为城市地下管线信息化工程测量提供了数字化信息。

### （一）应用要点

1. 内外业一体化的测图特点

数字化测绘技术主要是针对测绘量较大、测绘精确度要求较高或测绘信息数据烦琐的工程测绘，有利于确保工程测量过程中测量数据的清晰度，提升工程测量的工作效率。数字化测绘技术主要分为两种类型：一种是电子平板，另一种是内外一体化。内外一体化是数字化电子软件的核心技术，可应用于城市地下管线信息化工程测量工作中，其测量效率、图形处理的精确度及测量数据收集的完整性均较高，在测量程序与

工作压力等其他方面的优势更加明显。在城市地下管线信息化工程测量中，采用全站仪与电子手簿进行地形测绘，有利于提高工程测量的质量。

2. 图形的编辑与处理工作

不管是哪种类型的测绘工作，都需要确保测量的误差范围尽可能缩小。为此，城市地下管线信息化工程的测量应选择较为合适的测绘工具，便于测绘人员对采集到的图形进行编辑处理，有利于确保工程测绘的精确度。城市地下管线信息化工程测量中的图片编辑处理，一般需要全站仪与计算机的相互连接。先完成预处理测量数据，然后在测量数据自动处理的过程中将测量数据进行进一步分割处理，最后形成直观性较强的平面基本图形。平面基本图形形成以后，工程测量工作人员要通过数字化测绘技术依据城市地下管线分布的实际情况对图片进行再编辑，对未能符合规格的部分平面图形进行整改，整改合格后才能形成数字化高程模型。

## （二）现阶段数字化测绘技术在城市地下管线信息化工程中的应用

城市地下管线是城市的"生命线"，也是确保城市生存与发展的重要体系，具有为城市输送资源、传递信息及排放废弃物的功能。为了不断提高城市地下管线信息化工程的测绘水平，应用数字化的测绘技术是非常必要的。

1. 数字化测绘技术在工程测量中的应用范围

在处理各类测绘技术的过程中，需要对城市地下管线信息化工程原有的分布图进行数字化整改，使城市地下管线信息化工程的布局图更符合工程测量行业的要求。目前有三种数字化测绘输入法，分别是扫描矢量化测量、手扶跟踪数字化测量及 GPS 数据化测量。扫描矢量化测量是借助扫描已有的图像，而后根据矢量的导航跟踪确定实体物最终的空间位置。扫描矢量化测量的准确度虽然没有 GPS 数据化测量的准确度高，但因其使用较为便利，所以被工程测量人员广泛应用。手扶跟踪数字化测量较为传统，测量速度慢且劳动力强度较大。GPS 数据化测量可以通过精确定位地球表面图形位置，将测量信息直接传入信息化数据库。

## 2. 地面数字化测绘技术

当工程测图不符合地区大比例尺地图的测绘要求时，相关负责人可直接运用地面数字测图法进行地区大比例尺地图的测绘。地面数字测图法又称作内外业一体化数字测图法，是我国各工程测绘企业应用较多的数字化测图法。应用地面数字测图法所获得的数字化地图具有高精度的特点，运用一定的数字化测绘技术，便能够将重要地物相对于邻近地物的控制点精度控制在 5 cm 的范围内。应用地面数字化测绘技术，仅需测量一次被测物体，便可编制出不同比例大小的地形图，既满足了不同专业工程人员对地形图的不同需求，又有效避免了工程测量人员的重复性操作。地面数字化测绘技术可完成地形图三点坐标的自动采集、储存及处理等，有利于降低因工程测量人员的人工操作而产生的测量误差，减少工程测量人力、物力以及财力的损耗。

## 3. 原图数字化测绘技术

当某个地区需要运用数字化地形图，但受到经费或时间等因素限制时，可采用原图数字化测图法。原图数字化测图法能够合理利用现有的城市地下管线铺设地形图，并将计算机、数字化扫描仪及绘图仪等设备与数字化软件结合，有效开展工程测量工作，并且能够在较短的时间内获得数字化的工程测量成果。

# 参考文献

[1] 艾波，王瑞富，高松，等．海洋地理信息系统 [M]．武汉：武汉大学出版社，2022.

[2] 沃尔夫 P.R.，德威特 B.A.，威尔金森 B.E.．摄影测量基础及 GIS 应用：第 4 版 [M]．胡海彦，等，译．北京：气象出版社，2022.

[3] 鲍中旭，施润和，黄耀欢．基于文献计量的无人机地理学应用态势分析 [J]．遥感技术与应用，2024，39（2）：413–425.

[4] 戴远盛．工程测量及其新技术的应用研究 [M]．西安：西北工业大学出版社，2020.

[5] 丁丁．数字测图技术 [M]．南京：东南大学出版社，2016.

[6] 冯增才．地理信息系统 GIS 开发与应用 [M]．天津：天津大学出版社，2016.

[7] 洪波．不动产测绘 [M]．北京：测绘出版社，2020.

[8] 黄观文，王媛媛，龙正鑫，等．GNSS 卫星轨道机动探测技术进展 [J]．导航定位学报，2024,12（2）：1–12.DOI：10.16547/j.cnki.10–1096.20240201.

[9] 黄杏元，马劲松．地理信息系统概论 [M].4 版．北京：高等教育出版社，2023.

[10] 贾乃娟．不动产实用测绘知识 [M]．北京：中国建材工业出版社，2018.

[11] 江新清，成晓芳，凌培田．无人机摄影测量 [M]．北京：北京理工大学出版社，2023.

[12] 焦明连，朱恒山，李晶．测绘与地理信息技术 [M]．徐州：中国矿业大学出版社，2018.

[13] 焦明连．测绘地理信息技术创新与应用 [M]．徐州：中国矿业大学出版社，2013.

[14] 李进强．基于 ArcGIS Engine 地理信息系统开发技术与实践 [M]．武汉：武汉大学出版社，2017.

[15] 李芹芳，张艳．地籍与房产测量 [M]．武汉：武汉大学出版社，2017.

[16] 李少元，梁建昌．工程测量 [M]．北京：机械工业出版社，2021.

[17] 李伟，闫浩文，周亮，等．测绘遥感地理信息新技术服务于数字中国智慧社会建设的研究进展 [J/OL]．测绘地理信息，1–10[2024–12–17].https://doi.org/10.14188/j.2095–6045.20240134.

[18] 李先从，马昕，柴学文，等．基于无人机摄影测量的建筑物变形监测方法 [J]．测绘与空间地理信息，2024,47（04）：169–172.

[19] 李玉宝．大比例尺数字化测图技术 [M].4 版．成都：西南交通大学出版社，2019.

[20] 李祖锋 .GNSS 工程控制测量技术与应用 [M]. 北京：中国水利水电出版社，2017.

[21] 刘亚静 .GIS 软件应用实验教程 [M]. 武汉：武汉大学出版社，2021.

[22] 宁津生，王正涛 . 从测绘学向地理空间信息学演变历程 [J]. 测绘学报，2017，46（10）：1213–1218.

[23] 石朝美，徐果，李扬杰 . 房产测量技术 [M]. 北京：中国建材工业出版社，2020.

[24] 史雅君 .无人机倾斜摄影三维实景建模在不动产测绘中的应用[J].江苏建材,2024（2）：130–131.

[25] 苏中帅，江培华，李佳慧，等 . 建筑工程测量技术与应用 [M]. 北京：中国建筑工业出版社，2022.

[26] 唐毅 . 摄影测量学理论及应用研究 [M]. 长春：吉林大学出版社，2023.

[27] 田劲松，薛华柱 .GIS 空间分析理论与实践 [M]. 北京：中国原子能出版社，2018.

[28] 王江平 . 智慧城市建设中测绘地理信息作用分析 [J]. 中国高新科技，2024（6）：155–157.

[29] 王涛，刘建国 . 摄影测量与遥感 [M]. 成都：西南交通大学出版社，2018.

[30] 王亚勋 .测绘技术在特殊地形测绘工程中的应用[J].城市建设理论研究( 电子版 )，2024（13）：180–182.

[31] 王壮壮 . 倾斜摄影三维模型构建及其优化研究 [D]. 赣州：江西理工大学，2021.

[32] 韦龙华 . 基于倾斜摄影和 BIM 技术的交通设施实景三维模型精细化建模方法研究 [D]. 桂林：桂林电子科技大学，2022.

[33] 魏琪 .基于无人机倾斜摄影的实景三维建模关键技术研究 [D]. 广汉：中国民用航空飞行学院，2023.

[34] 文勇波，唐晓丹，李卓建 . 基于倾斜摄影测量技术对水电站大坝设施三维建模及其应用研究 [J]. 模具制造，2024（5）：25–27+30.

[35] 武丰雷，李超，杨学峰 . 测绘技术与城市建设 [M]. 天津：天津科学技术出版社，2022.

[36] 向华丽，贺三维，张俊峰 . 地理信息系统在城市研究中的应用实验教程 [M]. 武汉：中国地质大学出版社，2016.

[37] 杨木壮，刘武，徐兴彬 . 不动产测绘 [M]. 武汉：中国地质大学出版社，2016.

[38] 杨胜霞 . 房产测绘中地理信息系统的应用分析 [J]. 工程建设与设计，2024（8）：85–87.

[39] 张春杰 . 地理测绘技术辅助地理实践活动的设计与实施 [J]. 地理教育，2024（4）：66–70.

[40] 张小玉，宋国伟，许栓德 . 现代信息测绘技术在自然资源测绘中的应用分析 [J]. 大众标准化，2024（7）：146–148.

[41] 赵金生 . 工程测量及其新技术的应用研究 [M]. 北京：中国大地出版社，2018.

[42] 朱柳军 . 浅析测绘地理信息大数据背景下的国土空间规划应用 [J]. 城市建设理论研究（电子版），2024（7）：157–159.